Ralf Roman Rossberg

Radlos in die Zukunft?

Die Entwicklung neuer Bahnsysteme

Orell Füssli

Lektorat: Armin Ochs
Herstellung: Peter Schnyder und Walter Voser

Grafik: Heinz von Arx, Zürich
Satz: B&K Offsetdruck, Ottersweier
Lithos: Schaufelberger AG, Winterthur
Druck: B&K Offsetdruck, Ottersweier
Einband: Großbuchbinderei Spinner, Ottersweier
Printed in Germany
ISBN 3 280 01503 0

Inhalt

Vorwort

Radlos und nicht ratlos in die Zukunft! Das Rad – immerhin eine der bedeutendsten Erfindungen der Menschheitsgeschichte – soll abgelöst werden durch eine vorteilhaftere Technologie. Sie will dazu beitragen, Verkehrsprobleme der Zukunft zu lösen und drohender Ratlosigkeit vorzubeugen. Es geht um die «berührungsfreie Fahrtechnik», mit populären Worten: um Luftkissen- und vor allem Magnetschwebebahnen.

Werden die Züge der Zukunft wirklich, von Magnetkräften unsichtbar getragen und geführt, radlos an ihrer schlanken Fahrbahn entlangfliegen oder werden sie sich weiterhin fest auf Rad und Schiene stützen? Radlos heißt nicht nur «neu», «modern» oder «anders», radlos beinhaltet auch «reibungslos», und das wiederum bedeutet leise, verschleißfrei, vor allem aber in der Kraftübertragung zwischen Fahrbahn und Fahrzeug unabhängig von Reibung und Witterungseinflüssen.

Die Idee der Magnetbahn ist nicht neu, sie hat beinahe ein Jahrhundert hinter sich. Doch erst die neuzeitliche Regelungs- und Starkstromelektronik haben diese unkonventionelle Art der Fortbewegung, die Fahren und Fliegen in mancher Hinsicht kombiniert, der Verwirklichung näher kommen und das theoretisch Vorstellbare auch praktisch und vor allem wirtschaftlich machbar werden lassen. Freilich bleibt der technische Aufwand hoch. So muß die Zukunft erweisen, in welchem Umfang und unter welchen Bedingungen dieses faszinierende neue Verkehrsmittel seinen Platz zwischen Eisenbahn und Flugzeug finden kann.

Künftig wird von Magnetbahnen häufiger noch als bisher die Rede sein. Über 800 Millionen Mark allein an Forschungsmitteln des Bundes sind darin bereits investiert worden. Deutschland als nach wie vor führendes Land der Welt auf diesem Gebiet wird häufig im Mittelpunkt des Geschehens stehen. Die deutsche Industrie bietet ein weitgehend einsatzbereites System an, und zahlreiche vielversprechende Einsatzmöglichkeiten lassen weltweites Interesse erwarten.

Über die technischen Grundlagen, aber auch über die bisherige Entwicklung der «radlosen» Fahrtechnik will dieses Buch mit verständlichen Worten informieren und damit zwischen Fachwelt und Öffentlichkeit eine Brücke schlagen.

Ralf Roman Rossberg

Tragen, führen und antreiben mit Rad und Schiene

Rad und Schiene, mehr als 150 Jahre lang «Grundlagen» jedes spurgebundenen Verkehrs, vereinigen auf sich drei elementare Funktionen: sie tragen die Last, geben die Richtung vor und sorgen für Fortbewegung. Mit anderen Worten: bei der konventionellen Eisenbahn lassen sich die drei Funktionen «Tragen», «Führen» und «Antreiben» allein mit den Schienen einerseits, und den Rädern andererseits bewerkstelligen.

Die Tragfunktion übernehmen die Laufflächen der Räder und die Fahrbahn. Darin unterscheiden sich Eisenbahnfahrzeuge im Prinzip nicht von anderen konventionellen Landverkehrsmitteln. Die senkrecht nach unten wirkende Gewichtskraft wird von den Schienen auf die Querschwellen und über das Schotterbett auf den Untergrund übertragen.

Charakteristisch für die Eisenbahn ist dagegen die Spurführung im Gleis. Mit den Achsen bilden die Räder von Schienenfahrzeugen starre Radsätze. Die Laufflächen gehen an den Innenseiten über eine Hohlkehle in den Spurkranz über, der sich seitlich innerhalb der Schienen entlangbewegt und das Ver-

1 Eisenbahnräder können drei Funktionen übernehmen: sie tragen die Last, führen das Fahrzeug im Gleis und dienen – in Lokomotiven und Triebwagen – zur Übertragung der Antriebs- und Bremskräfte.

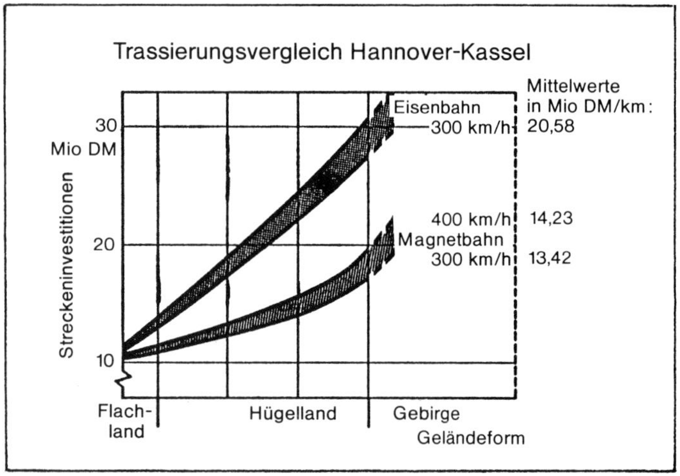

2 Vergleich der Investitionskosten für Rad-Schiene-Technik und die Magnetbahn, untersucht für eine Verbindung zwischen Hannover und Kassel.

lassen der vorgegebenen Fahrbahn unter normalen Umständen verhindert. Sobald sich die Fahrzeugachse von der Gleisachse zu entfernen beginnt, läuft der Spurkranz gegen die Innenfläche des Schienenkopfes an, begrenzt die seitliche Auslenkung und kehrt die Bewegungsrichtung um.

Das stählerne Spurkranzrad auf der stählernen Schiene kombiniert beim Verkehrssystem Eisenbahn die Trag- und Führfunktion besonders elegant. Einmal reduziert sich infolge des geringen Laufwiderstands der Kraftaufwand zur Beförderung einer Last auf einen Bruchteil im Vergleich zur Straße. Außerdem liegt in der Spurführung die Voraussetzung zum Kuppeln einer Vielzahl von Fahrzeugen, also zur Zugbildung, und damit zu besonders wirtschaftlichem Transport großer Lasten mit geringem Aufwand. Zum anderen bildet die zwangsläufige Spurführung der Fahrzeuge im Gleis den Schlüssel für die hohe Sicherheit der Eisenbahn: versehentliches Abkommen von der Fahrbahn ist ausgeschlossen, die einzelnen Gleisabschnitte lassen sich signaltechnisch sicher gegeneinander abgrenzen. Im wesentlichen ist es dieses «Grundkapital», das der klassischen Eisenbahn den Platz auf dem Verkehrsmarkt auch in Zukunft erhalten wird.

Für die Antriebsfunktion, zu der in umgekehrtem Sinn auch die Bremsfunktion gehört, bedarf es zwischen den Laufflächen von Rad und Schiene der Reibung. Daß sie gegenüber der Straße nahezu um den Faktor zehn geringer ist, hat Vor- und Nachteile. Mit verhältnismäßig geringer Antriebsenergie lassen sich große Lasten bewegen. Doch die begrenzte Kraftübertragung zwischen Rad und Schiene bringt die angetriebenen Radsätze viel eher zum «Schleudern» und die abgebremsten zum «Gleiten», wenn die Antriebs- beziehungsweise die Bremskraft am Rad größer wird als das Produkt aus Reibungsfaktor und Gewichtskraft. Der ohnehin niedrige Reibungsfaktor kann durch Witterungseinflüsse noch zusätzlich stark vermindert werden. Um volle Geschwindigkeit zu erreichen oder aus voller Geschwindigkeit anzuhalten, sind deshalb lange Beschleunigungs- und Bremswege erforderlich.

Warum radlos?

Zu den entscheidenden Vorteilen berührungsfreier Fahrtechniken gehört die Unabhängigkeit von der Reibung. Damit sind nicht nur stärkere Beschleunigung und höhere Bremsverzögerung möglich, beide bleiben auch unbeeinflußt von der Witterung. Hohe Geschwindigkeiten lassen sich deshalb mit immer gleicher Beschleunigung erreichen und ebenso sicher beherrschen, weil auch der Abbremsung stets ein definierter Wert zugrundegelegt werden kann.

Als wesentliches Plus bei der Entscheidung für einen neuen Verkehrsweg kann die Magnetschwebetechnik auch optimale Anpassungsfähigkeit an die Geländeverhältnisse bieten. Kurvenradien wie Neigung unterliegen nicht annähernd den Einschränkungen wie Rad-Schiene-Trassen. Eine Vergleichsstudie von 1976 legte einem für 400 km/h ausgelegten Magnetbahnsystem 4200 m Kurvenradius und bis zu 35‰ Neigung zugrunde, der Eisenbahnstrecke für 300 km/h dagegen 7000 m und nur 12,5‰. Diese Parameter gelten für die Neubaustrekken der Bundesbahn zwischen Hannover und Würzburg und zwischen Mannheim und Stuttgart. Damit eignen sie sich zwar für schnellen Personenverkehr ebenso wie für schweren Güterverkehr, erfordern

3 Die Neubaustrecken der Deutschen Bundesbahn – hier der Übergang über das Maintal bei Gemünden – erfordern zahlreiche Kunstbauten wie Brücken, Tunnel und Dämme; dafür eignen sie sich nicht nur für schnellen Personen-, sondern auch für schweren Güterverkehr.

aber zahlreiche aufwendige Bauwerke, insbesondere Tunnel, Talbrücken und Dämme. Dadurch werden die Investitionskosten stark beeinflußt, deutlich zugunsten der Magnetbahn, von der gleich hohe Leistungsfähigkeit auch im Güterverkehr nicht gefordert wird.

Die Anpassungsfähigkeit an das Gelände kann jedoch für sich allein schon ausschlaggebend sein: Bei einer Projektstudie in den USA stellte sich die Frage, ob der Mittelstreifen einer vorhandenen Autobahn für eine neue Schnellstrecke benutzt werden könnte; die vorkommenden Neigungen bis zu 100‰ vermochte allein die Magnetbahn zu bewältigen, während für fortschrittliche Rad-Schiene-Technik selbst mit Trassierungselementen der französischen TGV-Strecke Paris–Lyon eine getrennte Linienführung unumgänglich wäre und sich damit außerdem eine weit größere Streckenlänge ergeben würde.

Als die Entwicklung unkonventioneller Verkehrssysteme Anfang der siebziger Jahre in größerem Maß auch die Öffentlichkeit zu beschäftigen begann, stand als prägnanteste Eigenschaft noch die hohe Geschwindigkeit im Vordergrund, die damals allgemein bei 500 Kilometer je Stunde angesetzt wurde. Umweltaspekte spielten demgegenüber eine untergeordnete Rolle, wie besonders das auf Verbrennungsmotoren, Luftschrauben und Strahltriebwerken aufgebaute Konzept des französischen Aerotrain erkennen läßt. Auch die deutschen Entwicklungen orientierten sich anfangs erst in zweiter Linie an Energie- und Umweltgesichtspunkten. Obwohl gerade deren Stellenwert seither gewaltig gestiegen ist, hat die Magnetbahnentwicklung, um dem Rechnung zu tragen, ihre Entwicklungslinie nicht zu verlassen brauchen. Daran wird deutlich, daß sich die inzwischen anwendungsreife Magnetbahn ohne weiteres mit den strengen Maßstäben messen läßt, die in dieser Beziehung heute weltweit angelegt werden.

Die Magnetbahn fährt auf jeden Fall elektrisch. Damit verursacht sie keine Luftverschmutzung durch Abgase und ist auch auf keine bestimmte Primärenergie, etwa auf Erdöl, angewiesen. Gegenüber dem Rad-Schiene-System liegt der Energiebedarf allerdings höher, da einerseits die magnetische Trag- und Führfunktion Energie kostet, andererseits – abgesehen vom unterschiedlichen Gesamtwirkungsgrad der Systeme – bei höherer Geschwindig-

4 Das Fahrzeug umgreift den Fahrweg und ist damit vollkommen entgleisungssicher.

keit allein zur Überwindung des Luftwiderstands eine in der dritten Potenz steigende Leistung benötigt wird. Gegenüber Kurzstreckenflugzeugen ergibt sich dagegen unter gleichen Auslastungs- und Komfortbedingungen ein günstigerer Energieverbrauch.

Die Geräuschentwicklung schwebender Fahrzeuge ist im Geschwindigkeitsbereich bis etwa 300 km/h, in dem sich heute auch moderne Eisenbahnzüge bewegen, noch deutlich geringer. Bisher an Versuchsfahrzeugen durchgeführte Messungen lassen erwarten, daß die Magnetbahn erst bei etwa 400 km/h einen Schallpegel erreicht, den die Eisenbahn mit neuzeitlichen Zügen bei 200 km/h hervorruft. Dieser Gesichtspunkt gab bei den Japanischen Staatsbahnen den Ausschlag für die Magnetbahnentwicklung: obwohl dort eines der modernsten Schnellbahnnetze der Welt zur Verfügung steht, stellt die Lärmbelastung der dicht besiedelten Verkehrskorridore ein ernstes Problem dar, dessen Lösung hohe Priorität genießt und wofür sich die neue Technologie anbietet.

Die hohe Sicherheit spurgeführter Verkehrssysteme zeichnet im übrigen auch die Magnetbahn aus; da das Fahrzeug den Fahrweg umgreift, ist sie selbst bei hohen Geschwindigkeiten absolut entgleisungssicher.

Von Luftdruck oder Magnetkraft getragen

Daß sich spurgebundene Fahrzeuge statt auf Rad und Schiene als rein mechanische Elemente der Kraftübertragung auch auf berührungsfreie Trag- und Führkräfte stützen lassen, entspringt keineswegs neuen Überlegungen, sondern wurde schon im vorigen Jahrhundert erkannt und zuerst in Amerika zum Patent angemeldet. Die neuzeitliche Entwicklung unkonventioneller Verkehrssysteme griff zunächst auf das bei Wasser- und nicht spurgebundenen Landfahrzeugen bereits angewandte «Luftkissen» zurück. Einige Zeit später folgte dann die Entwicklung der «Magnetkissen», auf denen die heutige berührungsfreie Fahrtechnik ausschließlich aufbaut.

Luftkissentechnik

Die für Schnellbahnen geeigneten und zum Teil bis zur Einsatzreife entwickelten Luftkissensysteme beruhen auf der abstoßenden Wirkung von Luftüberdruck, der für die Tragfunktion unter und für die Führfunktion seitlich zwischen dem Fahrzeug und den entsprechend ausgebildeten Teilen des Fahrwegs wirksam wird. Vorteile der Luftkissentechnik sind relativ einfache Fahrbahnen, weitgehende Entgleisungssicherheit und hohe erzielbare Geschwindigkeit. Dafür arbeiten die Systeme nicht verschleißfrei, verursachen hohe Geräuschpegel und erfordern mit etwa 10 Kilowatt je Tonne großen Leistungsaufwand auch für Tragen und Führen.

Theoretisch sind pneumatische Trag- und Führsysteme auch mit der anziehenden Kraft von Luftunterdruck denkbar; sie lassen sich jedoch bei Schnellbahnen wegen der starken Druckunterschiede zwischen dem von der Luftströmung am Fahrzeug hervorgerufenen Staudruck und dem Unterdruck in den Luftkissen sowie wegen der schwierigen Fahrzeug- und Fahrbahnausführung praktisch kaum realisieren.

Um tragfähige Luftkissen entstehen zu lassen, wird zwischen Fahrzeug und Fahrbahn Überdruck erzeugt, der hoch genug sein muß, um das Fahrzeug anzuheben. Bei genügend großen Flächen reichen 0,1 bis 0,2 bar Überdruck für den Schwebezustand aus. Weil durch die unvermeidlichen Zwischenräume ständig eine gewisse Luftmenge entweicht, muß sie von Kompressoren ununterbrochen ersetzt werden. Damit ist ein verhältnismäßig hoher Energieaufwand verbunden. Der Abstand zwischen den tragenden und führenden Teilen von Fahrzeug und Fahrbahn muß deshalb möglichst gering sein, womit an die Genauigkeit bei der Ausführung entsprechend hohe Anforderungen gestellt werden, die sich auch in den Kosten niederschlagen. Andererseits bildet die ausströmende Luft selbst ein wesentliches Element der Luftkissensysteme.

Nach der konstruktiven Durchbildung der Fahrzeugeinrichtung zur Erzeugung des Luftkissens sind im wesentlichen zwei Techniken zu unterscheiden.

Beim Rand- oder Ringstrahlsystem tritt die Luft aus einer, den Umfang des Kissens bildenden Ring-

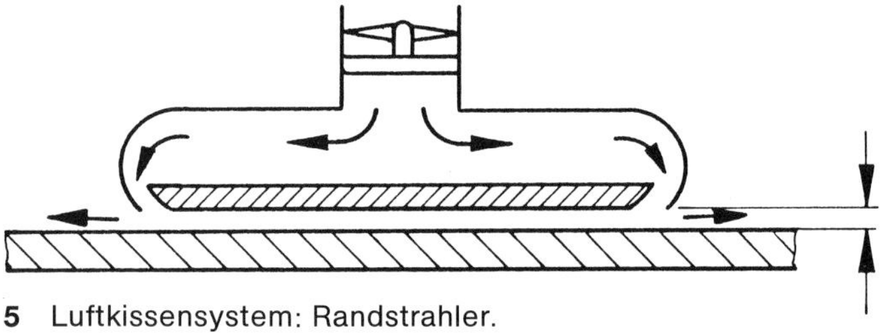

5 Luftkissensystem: Randstrahler.

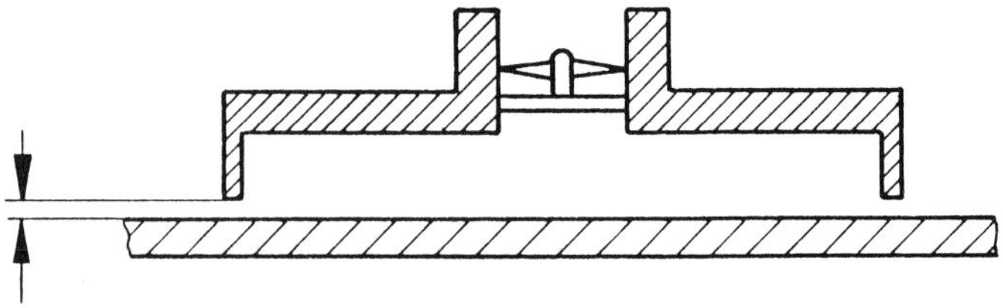

6 Luftkissensystem: Flächenstrahler.

düse aus; innerhalb dieses Rings wird der tragende Überdruck aufgebaut, wobei die ausströmende Luft gegenüber dem «Kissen» dichtend wirkt. Dieses System wurde in Großbritannien von Hovercraft angewandt; auch Krauss-Maffei in München beschäftigte sich damit in Voruntersuchungen, benützte dann aber für die Vergleichsuntersuchungen mit Magnetschwebetechnik das Vollkammerprinzip mit Labyrinthdichtung.

Bei dem von Bertin in Frankreich angewandten Vollkammersystem wird der Überdruck in einer Kammer erzeugt, aus der Luft durch den Spalt gegenüber der Abstützfläche entweicht. Auch dabei führt die ausströmende Luft zu einem Abdichtungseffekt gegenüber dem Luftkissen, das sich somit innerhalb der Kammer aufbauen kann. Mit diesem System des Flächenstrahlers waren die in Frankreich erprobten Aerotrain-Fahrzeuge ausgerüstet.

Die Entwicklung von Schnellbahnsystemen mit Luftkissentechnik, die vor allem in Frankreich weit fortgeschritten war, ist schon Mitte der siebziger Jahre in sämtlichen Ländern eingestellt worden. Weitere Systeme wie etwa das Diffusor-, das Luftfilm- oder das Labyrinth-System sollten mit zusätzlichen Einrichtungen den Wirkungsgrad verbessern und den Energiebedarf verringern, wurden jedoch nicht mehr ausgeführt.

Magnetschwebetechnik

Ungleichnamige Magnetfelder ziehen einander an, gleichnamige stoßen einander ab. Auf diesen einfachen Grundprinzipien beruht auch die Magnetschwebetechnik. Bei Größe und Masse der Fahrzeuge müssen freilich entsprechend starke Magnetfelder und damit genügend hohe Kräfte erzeugt werden, um nicht nur die statischen Gewichtskräfte zu tragen, sondern auch die dynamischen Kräfte während der Fahrt aufzufangen und Berührungen von Fahrzeug und Fahrweg auszuschließen. Im Vergleich mit der Luftkissentechnik zeigen Magnetschwebesysteme prinzipiell günstigere Verhaltensweisen. Sie arbeiten verschleißfrei, umwelt- und energiefreundlich, sind gleichermaßen schnell und entgleisungssicher, für Tragen und Führen genügt ein relativ geringer Leistungsaufwand, der beim elektromagnetischen System etwa 1 Kilowatt je Tonne beträgt.

Permanentmagnetisches Schweben

Die einfachste Form eines Magnetschwebesystems bilden Permanentmagnete mit gleichnamigen Magnetpolen und einander abstoßenden Magnetkräften. Sie reichen bei der Wahl geeigneter Dauermagnetwerkstoffe aus, um das Fahrzeug einschließlich Nutzlast ständig in der Schwebe zu halten. Gegenüber anderen berührungslosen Systemen bietet das permanentmagnetische (pms) den Vorteil der Geräuschlosigkeit, der vollkommenen Ausfallsicherheit und der Wartungsfreiheit auf der gesamten Strecke. Zur Abstützung ist keine Energie erforderlich, von der geringen Magnetisierungsenergie abgesehen. Ungünstig sind dagegen das Verhältnis zwischen Hubkraft und Magnetgewicht, die aufwendige Ausrüstung des Fahrwegs mit Dauermagneten und die Federungs- und Dämpfungseigenschaften, die für annehmbare Fahreigenschaften zusätzlichen Regelaufwand erfordern. Die Eigenschaften der Magnetwerkstoffe dürfen sich auch über eine längere Betriebsdauer nicht verändern.

Überlegungen galten auch permanentmagnetischen Systemen mit ungleichnamigen Magnetpolen, also anziehenden Magnetkräften. Derartige Systeme sind «instabil», da sich Gewichts- und Magnetkraft

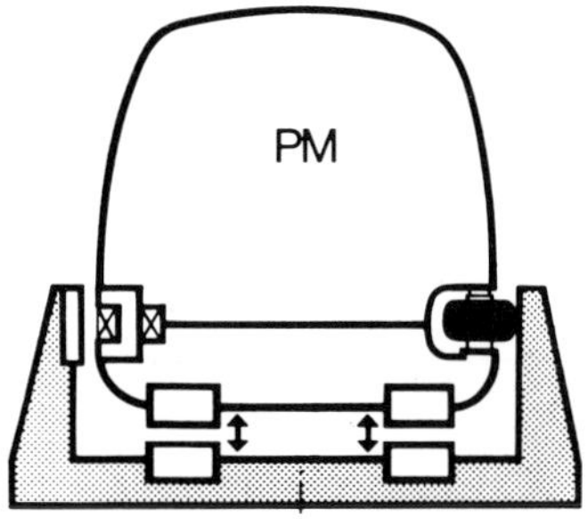

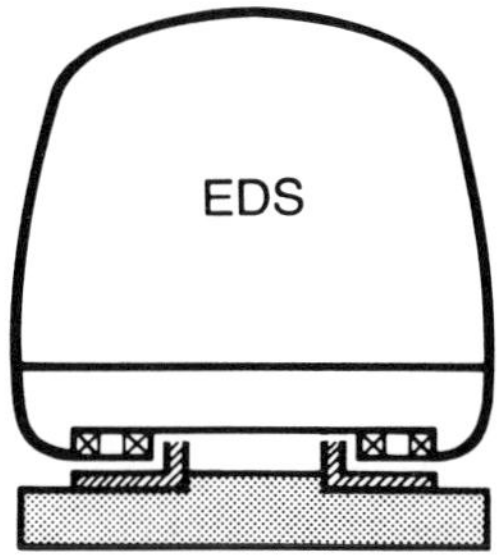

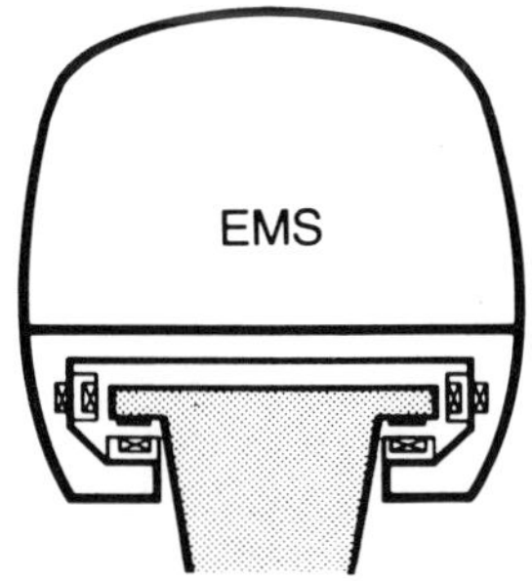

7 Prinzip des Schwebens mit Permanentmagneten; Tragfunktion durch abstoßende Dauermagnete, Seitenführung durch geregelte Magnete und Rollen; Tragen und Führen ist mit Dauermagneten allein nicht möglich.

8 Prinzip des elektrodynamischen Schwebens mit abstoßenden Elektromagneten.

9 Prinzip des elektromagnetischen Schwebens mit geregelten anziehenden Elektromagneten.

nicht über den Luftspalt von selbst die Waage halten, sondern sich die Magnete von Fahrzeug und Fahrweg bei zu starker Annäherung bis zum Haften anziehen, bei zu großer Entfernung dagegen ihre Kraft nicht mehr ausreicht, um das Fahrzeug zu tragen. Derartige Systeme können deshalb nur im Zusammenwirken mit regelbaren Elektromagneten realisiert werden, wobei die Dauermagnete dazu dienen, den Energieaufwand für die Tragfunktion eines elektromagnetischen Regelsystems noch zu reduzieren.

Abstützung und Spurführung können aus physikalischen Gründen nicht gemeinsam permanentmagnetisch ausgeführt werden. Auf diese Weise getragene Fahrzeuge brauchen deshalb Spurführeinrichtungen mit anderen technischen Systemen. Für Schnellbahnen kommt elektromagnetische Führung in Frage, für Nahverkehrssysteme mit geringen Geschwindigkeiten eignen sich auch mechanische Laufwerke mit Rollen oder Rädern.

Mit einem permanentmagnetischen Schwebesystem beschäftigte sich Anfang der siebziger Jahre vor allem Krupp in Essen. Infolge einer Reihe technisch-physikalischer Probleme erfüllten sich die Erwartungen jedoch nicht, so daß nach Einstellung der Forschungsförderung die Weiterentwicklung aufgegeben wurde.

Elektrodynamisches Schweben

Mit abstoßenden Magnetkräften arbeitet auch die elektrodynamische Schwebetechnik (eds). Magnetspulen unter dem Fahrzeug erzeugen starke Magnetfelder. Sie rufen während der Fahrt in durchgehenden Aluminium-Leiterplatten auf der Fahrbahn entsprechend hohe elektrische Wirbelströme hervor, die ihrerseits ein magnetisches Gegenfeld aufbauen und damit die gewünschte abstoßende Kraft entstehen lassen. Die Vorteile dieser induktiven Abstützung liegen in einfacher Fahrwegausführung sowie großen Hubkräften und Schwebehöhen; nachteilig sind der relativ hohe Energiebedarf für das Trag- und Führsystem infolge der Wirbelstromverluste sowie die Fahreigenschaften, die durch zusätzliche Dämpfung verbessert werden müssen.

Um die starken Magnetkräfte zu erzeugen, muß auf Supraleiter und Kryotechnik zurückgegriffen werden. Sie beruht auf dem Effekt, daß bestimmte Metalle supraleitfähig werden, das heißt so gut wie keinen ohmschen Widerstand mehr aufweisen, wenn sie extrem tief bis nahe an den absoluten Nullpunkt von null Kelvin oder minus 273° Celsius abgekühlt werden. Dies läßt sich mit flüssigem Helium als Kühlmittel bewerkstelligen. Die supraleitende Spule wird nach der «Erregung» kurzgeschlossen; danach fließt der einmal erzeugte Strom ohne unmittelbare Energiezufuhr praktisch unbegrenzt und in nahezu gleichbleibender Stärke immer weiter. Er hält damit auch sein Magnetfeld ständig aufrecht, die Spule wirkt also wie ein Dauermagnet und kann ein äußerst starkes Magnetfeld ausstrahlen. Damit sind freie Schwebehöhen von 10 bis 20 cm möglich, die für sicheren Betrieb bei hohen Geschwindigkeiten auch besonders vorteilhaft erscheinen. Zur Speisung der Magnetspulen braucht keine Energie während der Fahrt auf das Schwebefahrzeug übertragen oder an Bord erzeugt zu werden.

10 Aerotrain 250–80 «Orléans» auf der 18,5 Kilometer langen Versuchsstrecke.

Für die Magnetschwebetechnik wurden Niob-Titan-Spulen bei etwa 4 Kelvin, das sind minus 269° Celsius, benützt. Anfangs war vorgesehen, den Bordvorrat an Kühlmittel so zu bemessen, daß er ohne Nachfüllung für eine Fahrt bis ans nächste Ziel ausgereicht hätte. Später wurden jedoch Einrichtungen zur Helium-Rückkühlung und -Verflüssigung im Fahrzeug vorgesehen. Energiezufuhr ist demnach zwar nicht unmittelbar zur Aufrechterhaltung des elektrischen Stroms, wohl aber der Supraleitfähigkeit, also zur Kühlung der Spulen, erforderlich.

Die abstoßende magnetische Gegenkraft erreicht bei diesem System erst von einer bestimmten Fahrgeschwindigkeit an die nötige Stärke, um das Fahrzeug von der Fahrbahn abzuheben und in den Schwebezustand zu bringen. Für den unteren Geschwindigkeitsbereich sind deshalb zusätzliche Räderfahrwerke nötig. Dieser Mangel läßt sich allerdings in einen Vorteil umkehren, wenn das Fahrwerk konstruktiv an das konventionelle Eisenbahngleis angepaßt und so ausgeführt wird, daß die Magnetbahnzüge auf vorhandenen Strecken in die Bahnhöfe der Eisenbahn einfahren können. Der praktischen Umsetzung stehen freilich wiederum vielfältige Schwierigkeiten entgegen.

Ein elektrodynamisches Schwebesystem wurde in Deutschland von den Elektrounternehmen AEG-Telefunken, BBC und Siemens gemeinsam entwikkelt und auf einer Versuchsanlage in Erlangen erprobt. Es schied jedoch 1977 im Systemvergleich mit der elektromagnetischen Schwebetechnik aus der Forschungsförderung aus, so daß die Weiterentwicklung eingestellt werden mußte. Die Japanischen Staatsbahnen (JNR) verfolgen diese Technologie dagegen nach wie vor.

Elektromagnetisches Schweben

Auf anziehenden Kräften von Elektromagneten gegenüber eisernen Reaktionsschienen an der Fahrbahn beruht die elektromagnetische Schwebetechnik (ems), auf die sich seit 1977 die Entwicklung in Deutschland konzentriert. Als vorteilhaft gelten vor allem die relativ großen Hubkräfte bei geringem Leistungs- und Raumbedarf für die Trag- und Führsysteme, einfache Fahrwegkonstruktion, gute Fahreigenschaften mit den vorgesehenen Federungssystemen, hohe Sicherheit, geringe Umweltbeeinflussung. Das System ist prinzipiell instabil und ohne Regelung nicht funktionsfähig. Dieser Regelaufwand muß zwar als Nachteil in Kauf genommen werden. Da jedoch auch die übrigen Systeme wegen ihrer unbefriedigenden Fahreigenschaften bei höheren Geschwindigkeiten auf Regeleinrichtungen nicht verzichten können, ist die elektromagnetische Schwebetechnik damit nicht einseitig belastet.

Das Fahrzeug umgreift den Fahrbalken mit seinem unteren Teil, in dem die Elektromagnete eingebaut sind. Damit befinden sich Magnetanordnungen unterhalb der Fahrbahn. Wenn die Magnete eingeschaltet werden, wirkt die anziehende Magnetkraft nach oben gegen die Reaktionsschienen an der Fahrbahn-Unterseite und hebt das Fahrzeug an; es «hängt» daran im Schwebezustand, obwohl es scheinbar auf der Oberseite fährt.

Damit die Magnete in der Schwebe bleiben und sich nicht, wie es normalerweise geschehen würde, bei genügend starker Magnetkraft an die Eisenschienen anlegen, oder bei zu schwacher Magnetkraft von ihnen abfallen, muß eine leistungsfähige und schnelle Regeleinrichtung an Bord die Magnetkraft ständig verändern. Sie muß stärker werden, wenn sich der Luftspalt vergrößert, und schwächer, wenn er sich verringert. So halten einander Magnet- und Gewichtskräfte, zur Führung auch Magnet- und seitlich wirkende Kräfte, ständig die Waage. Der Nennwert des Luftspalts beträgt etwa zehn Millimeter. In dieser Größe wird er – auch im Stillstand – elektronisch geregelt.

In Deutschland ist die Entwicklung unkonventioneller Schnellbahnsysteme von der elektromagnetischen Technik ausgegangen. Messerschmitt-Bölkow-Blohm und wenig später auch Krauss-Maffei führten grundlegende Entwicklungen durch. Seit 1974 verfolgen beide Unternehmen diese Linie gemeinsam in der Arbeitsgemeinschaft Transrapid E.M.S. In Japan befaßt sich damit die Luftfahrtgesellschaft Japan Air Lines (JAL).

Eine wirklich berührungsfreie Fahrtechnik kann sich nicht auf Trag- und Führfunktionen beschränken, sondern muß auch die Antriebs- und Bremsfunktion einschließen.

Aerodynamische Schuberzeugung

Zu Beginn der Entwicklungen stand besonders bei den französischen Luftkissenfahrzeugen die Schwebetechnik als zentrales Entwicklungsziel im Vordergrund. Die Forderung nach einer gleichwertigen Antriebstechnik hatte demgegenüber nur geringen Stellenwert. Ein aus dem Flugzeugbau übernommenes Propeller- oder Strahltriebwerk schien zunächst ausreichend, zumal es keine zusätzlichen Entwicklungskosten erforderte. Immerhin hat der Aerotrain 250–80 «Orleans» auf diese Weise nahezu 430 km/h erreicht. Dennoch konnten kaum Zweifel darüber bestehen, daß derartige Antriebe bei einem bodengebundenen Verkehrssystem keine zukunftsorientierte Lösung bilden. Ihre Abgas- und Geräuschimmission würden heute nirgends mehr hingenommen. Aerodynamische Schuberzeugung wäre zwar prinzipiell geeignet, scheidet aber aus Gründen des Umweltschutzes aus.

Elektromagnetische Schuberzeugung

Diese Alternative gilt heute für unkonventionelle Fahrtechniken als allein erfolgversprechend. Sie leitet sich vom üblichen Drehstrom-Induktionsmotor ab und läßt sich berührungsfrei gestalten. Zugrunde liegen die physikalischen Grundsätze, wonach magnetische Felder in bewegten elektrischen Leitern Ströme oder in stromdurchflossenen Leitern Kräfte entstehen lassen.

Erforderlich für ein solches System sind stets ein Primär- und ein Sekundärteil. Bei asynchronen Bauarten trägt der Primärteil die zur Erzeugung des Magnetfelds nötigen und vom «Fahrstrom» gespeisten Wicklungen; als Sekundärteil kommen kurzgeschlossene Spulen, Kupfer- oder Aluminiumkörper infrage. Bei den synchronen Varianten bilden den

11 Das Reaktionsteil für den asynchronen Kurzstator-Linearmotor bildete beim «Transrapid 02» eine in der Mitte der Betonfahrbahn senkrecht angeordnete Aluminiumplatte.

Sekundärteil die Erregerwicklungen, die den magnetischen Fluß erzeugen.

Wie die ringförmige Anordnung jedes Rotationsmotors zu einem Drehfeld und damit zu einer Drehbewegung führt, so entsteht bei der gestreckten Ausführung des «Linearmotors» ein «Wanderfeld» mit geradeaus gerichteten Kräften, die den Schub auf den Sekundärteil ausüben.

Dabei können im Gegensatz zum gewöhnlichen Motor, dessen «Stator» feststeht, während sich der «Rotor» bewegt, beim Linearmotor entweder Primär- oder Sekundärteil das bewegte Element bilden. In Anlehnung an die Terminologie des Motorenbaus hat sich dennoch auch bei Linearmotoren der Begriff «Stator» für den aktiven Teil durchgesetzt, obwohl er eben nicht wie der «Ständer» immer festzustehen braucht, sondern auch als der bewegte Teil ausgeführt sein kann.

Bleiben bei Bahnen der «Stator» und damit die Spulen fest mit der Fahrbahn verbunden, muß der Stator so lang sein wie die gesamte Strecke. Diese Bauart wird deshalb als Langstator-Linearmotor bezeichnet. Ist der Stator mit den Spulen dagegen im Fahrzeug installiert, baut er relativ kurz. Diese Variante wird dementsprechend Kurzstator-Linearmotor genannt.

Durch Änderung von Frequenz und Spannung der zugeführten elektrischen Energie lassen sich Schubkraft und Geschwindigkeit vom Stillstand bis zur Höchstgeschwindigkeit regeln, und durch Umpolung des Magnetfelds die Schub- in Bremskräfte verwandeln.

Auch bei Linearmotoren sind synchrone und asynchrone Ausführung möglich. Höherem Aufwand für Herstellung und Betrieb der synchronen Bauform stehen Betriebseigenschaften gegenüber, die gerade den Bedingungen der berührungsfreien Fahrtechnik entgegenkommen.

Dabei ist außerdem von Bedeutung, ob der Primärteil mit Eisen für den magnetischen Fluß oder

12 Beim Langstator-Linearmotor sind die dreiphasigen Wicklungen in der Fahrbahn verlegt, hier auf dem inzwischen wieder abgebauten Rundkurs in Erlangen.

aber eisenlos ausgeführt wird. Für Schnellbahnen mit Schwebetechnik kommen insbesondere folgende Typen von Linearmotoren in Frage:

der Kurzstator-Asynchronmotor,
der Kurzstator-Synchronmotor,
der Langstator-Synchronmotor mit Eisen,
der Langstator-Synchronmotor ohne Eisen.

Kurzstator-Linearmotoren

Der Stator mit den Spulen besteht aus zwei symmetrischen Teilen, die im Fahrzeug so angeordnet sind, daß sie sich beiderseits der senkrecht auf dem Fahrweg montierten Aluminium-Reaktionsschiene gegenüberstehen. Auch ein flacher Stator über einer ebenfalls flachen Reaktionsschiene ist möglich. Antriebs- und Bremskraft entstehen durch die Wechselwirkungen zwischen dem im Kurzstator erzeugten Wanderfeld und den von ihm in der Reaktionsschiene hervorgerufenen Wirbelströmen.

Die asynchrone Bauform zeichnet sich vor allem durch den einfachen ortsfesten Reaktionsteil und die somit nur geringen Fahrwegkosten, aber auch insgesamt durch einfachen Aufbau, geringes Gewicht und leichte Regelbarkeit der Anfahr- und Bremskräfte aus. Dem stehen als Nachteile ungünstiger Wirkungsgrad und Leistungsfaktor sowie fahrdynamische Probleme bei den geringen Luftspalten, die aus elektrischer Sicht wünschenswert sind, gegenüber. Als Synchron-Variante wurde an der Technischen Universität Braunschweig der «doppelt erregte lineare Synchronmotor» mit Permanentmagneterregung, kurz «Delsym»-Motor untersucht, bisher aber nicht verwendet.

Langstator-Linearmotoren

Der eisenlose Langstator-Linearmotor erfordert zur Erzeugung genügender Schubkräfte äußerst starke Magnetfelder. Sie lassen sich nur in supraleitenden Spulen mit Hilfe der Kryotechnik, wie sie auch bei der elektrodynamischen Schwebetechnik angewandt wird, wirtschaftlich vertretbar erzeugen. Diese Spulen werden im Fahrzeug eingebaut. Energiezufuhr ist während der Fahrt nicht erforderlich, sofern die nötige tiefe Temperatur für das flüssige Helium aufrechterhalten wird. Das Wanderfeld geht indessen von der im Fahrweg verlegten Drehstromwicklung des Langstators aus, der über stationäre Umrichter gespeist wird. Von einem derartigen «Luftmotor» wurde in Japan ein Testfahrzeug auf die bisher nicht überbotene Rekordgeschwindigkeit von 514 km/h beschleunigt. Auch auf der Erlanger Versuchsanlage ist ein eisenloser Langstator-Linearmotor untersucht worden. Der wesentliche Nachteil dieser Bauart liegt in der Notwendigkeit, die aufwendige Kryotechnik einsetzen zu müssen.

Beim Langstator-Synchronmotor mit Eisen werden die in der Trasse verlegten Wanderfeldwicklungen in genutete Stahlblechpakete integriert. Als Reaktionsteil im Fahrzeug dienen geregelte Gleichstrommagnete, die in Wechselwirkung mit dem Langstator auch die Trag- und Führfunktion übernehmen können.

Nachteil aller Langstator-Linearmotoren ist der höhere Aufwand für die Fahrwegausrüstung. Dafür entfällt die Übertragung der Antriebsenergie auf das Fahrzeug. Aus dem Langstatormotor läßt sich sogar der Strom für die Bordversorgung mit Hilfe eines Lineargenerators induktiv auf das Fahrzeug übertragen.

Hundert Jahre lang Zukunft

Als Wissenschaftler und Ingenieure Ende der sechziger Jahre nach Wegen suchten, den Verkehr zu Lande aus seinen Fesseln zu befreien und ein wesentlich schnelleres Bahnsystem zu schaffen als die weit über hundertjährige Eisenbahn, da mußten sie überrascht feststellen, daß sich ihre Vorgänger schon im vorigen Jahrhundert mit ähnlichen Gedanken beschäftigt hatten. Sie waren freilich ihrer Zeit viel zu weit voraus, als daß sie mit den damaligen technologischen Mitteln schon hätten erfolgreich sein können. Der praktische Schritt in die Zukunft folgte erst nach beinahe hundert Jahren.

Mit «Hovercrafts» über dem Wasser

Schon 1852 wollte der Franzose Girard die Räder der Eisenbahn durch Gleitschuhe ersetzen, die sich auf einem mit Wasserdruck erzeugten hydraulischen Polster nahezu ohne Reibung über die Schienen bewegen sollten; 1889 war ein Modell der Girardschen Gleiteisenbahn auf der Weltausstellung in Paris zu sehen; damals wurde statt Wasser bereits Luft als Polster vorgesehen.
Die Idee des Luftkissens geht auf Sir John Thornycroft zurück, der sich 1877 den Vorschlag patentieren ließ, die Reibung zwischen Schiffskörpern und dem Wasser durch ein Luftpolster zu vermindern. In den USA erhielt John B. Ward ebenfalls schon 1877 ein Patent auf ein Bodeneffektfahrzeug mit einem Gebläse für den Auf- und einem Propeller für den Vortrieb. Zwischen 1955 und 1960 wurde das Luftkissen dann in Amerika, Großbritannien und Frankreich wiederentdeckt.

13 Bei Wasserfahrzeugen haben sich Luftkissen im Gegensatz zum spurgebundenen Landverkehr ihren festen Platz gesichert: «Hovercraft»-Luftkissenboot auf dem Ärmelkanal.

In England war es Sir Christopher Cockerell, der den verstärkten Auftrieb von Flugzeugen dicht über dem Boden oder der Wasseroberfläche untersuchte; 1955 erhielt er das erste Patent für ein Luftkissen, gründete ein Jahr später die Hovercraft Development Ltd. und baute zunächst insbesondere Luftkissen-Wasserfahrzeuge. Das erste erschien 1959 im Ärmelkanal, wo bald immer mehr «Hovercrafts» dem Fährverkehr zwischen Großbritannien und dem Festland zu einer neuen Dimension verhalfen. Das gegenwärtig größte Luftkissenboot verkehrt zwischen Dover und Calais, faßt 400 Passagiere, 65 Autos und 5 Busse und erreicht 70 Knoten, das sind etwa 130 km/h. Mit der Entwicklung eines Luftkissensystems für den spurgebundenen Landverkehr begann Hovercraft erst 1967. Mit staatlicher Beteiligung wurde bei Cambridge eine 4,8 Kilometer lange Teststrecke, teilweise aufgeständert, angelegt. Darauf sollten zunächst Geschwindigkeiten bis zu 240 km/h, nach Verlängerung auf 13 Kilometer bis zu 400 km/h möglich sein. Als die von der Regierung zur Verfügung gestellten fünf Millionen Pfund erschöpft waren, mußte die Entwicklung jedoch eingestellt werden, bevor die Einsatzreife erreicht war. Niemand werde sich finden, der neben dem dichten britischen Eisenbahnnetz noch ein Schwebebahnnetz aufbauen würde; für dieses kostspielige System bestehe somit keinerlei Bedürfnis, erklärte der damalige Luftfahrtminister Michael Heseltine vor einem Ausschuß des Unterhauses. Die Versuche mit dem ersten «Hovertrain»-Versuchsfahrzeug waren auf geringe Geschwindigkeiten bis etwa 25 km/h beschränkt geblieben.

Weltrekorde mit dem «Aerotrain»

In Frankreich hatte Louis Duthion, Chefkonstrukteur des Luftfahrtunternehmens von Jean Bertin, bei Arbeiten an Schalldämpfern für Luftfahrzeuge das alte Luftkissenprinzip wieder «entdeckt» und sich damit sogleich der Anwendung auf ein spurgebundenes Schnellverkehrsmittel zugewandt.

Nach Überwindung der letzten technischen Probleme insbesondere zur wirtschaftlichen Erzeugung der Tragkräfte auch bei größeren Fahrwegtoleranzen mündete die Entwicklung Anfang der sechziger

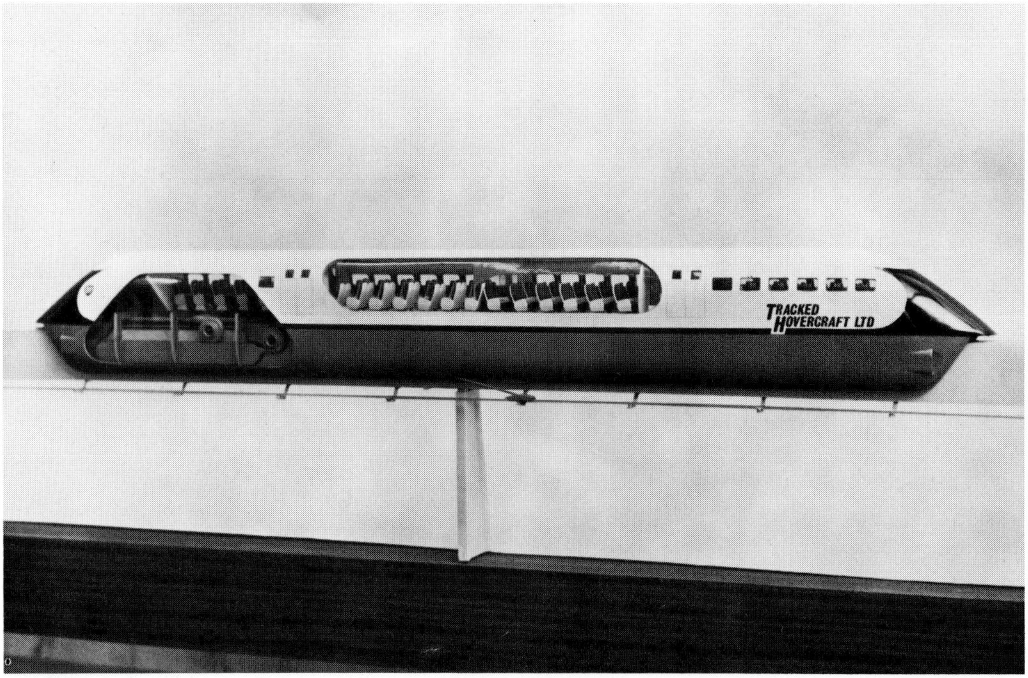

14 Modell des von Tracked Hovercraft (Großbritannien) geplanten, jedoch nicht realisierten «Hovertrain», der für 100 Passagiere und 250 Meilen pro Stunde (400 km/h) ausgelegt war.

15 Der «Aerotrain 01» erreichte, obwohl nur für 200 km/h konzipiert, bei Versuchsfahrten 345 km/h.

16 Aerotrain 250–80 «Orléans» mit Propellerantrieb.

17 Aerotrain I 80 HV mit Strahltriebwerk; in dieser Version stellte der Aerotrain «Orléans» am 6. März 1974 den Geschwindigkeitsweltrekord mit 428 km/h auf.

18 Tracked Air Cushion Vehicle (TACV) der Rohr Industries auf der Verkehrsausstellung «transport '72» am Dulles-Airport bei Washington.

19 Aerotrain Suburbain, die Nahverkehrsvariante des französischen Luftkissenzuges.

Jahre in eine Testserie ein, für die zunächst eine ebenerdige Versuchsstrecke bei Gometz-la Ville, später eine aufgeständerte zwischen Paris und Orleans sowie mehrere Versuchsfahrzeuge gebaut wurden.

Mit der Konstruktion einer «flexiblen Schürze» schien das letzte Problem der Luftkissenfahrzeuge bewältigt. Am 7. Januar 1962 unternahm das drei Tonnen schwere Versuchsfahrzeug BC 4 mit flexibler Schürze seine erste Versuchsfahrt und lenkte damit weltweite Aufmerksamkeit auf sich. Auch die folgenden Versuche, insbesondere mit den Fahrzeugen BC 6 und BC 8, verliefen so erfolgversprechend, daß die Entwicklung eines einsatzreifen Systems umgehend in Angriff genommen wurde. Der dafür gewählte Name «Aerotrain» war bald ein Begriff, der in den folgenden Jahren mit Weltrekorden für Schlagzeilen sorgte.

Der «Aerotrain 01» ging 1965 in die Erprobung und war gegenüber dem geplanten einsatzreifen Fahrzeug noch im Maßstab 1:2 ausgeführt. Auf der Versuchsstrecke erreichte er, obwohl nur für 200 km/h konzipiert, bis zu 345 km/h, beförderte in vier Jahren bei rund 25000 Kilometer Fahrleistung über sechstausend Personen und lieferte alle relevanten Meßdaten für den Bau des zweiten Versuchsfahrzeugs, das am 22. Januar 1969 mit 422 km/h einen neuen Weltrekord aufstellte.

Den nächsten Schritt bildete der Bau eines anwendungsnahen Erprobungsfahrzeugs, des Aerotrain 250–80 «Orleans». Um damit die ins Auge gefaßten, noch höheren Geschwindigkeiten erzielen zu können, entstand eine 18,5 Kilometer lange Teststrecke zwischen Paris und Orleans. Diese insgesamt etwa hundert Kilometer lange Verbindung sollte unter Einbeziehung der Teststrecke als erste für den öffentlichen Verkehr gebaut werden, sobald die Einsatzreife erreicht war. Zunächst war das Fahrzeug mit einer ummantelten Luftschraube ausgerüstet. Im letzten Stadium der Entwicklung wurde sie gegen ein Strahltriebwerk ausgetauscht, womit der «Aerotrain Orleans» am 6. März 1974 mit 428 km/h abermals einen neuen Weltrekord aufstellte. Die anschließende Umrüstung auf einen umweltfreund-

20 Tracked Levitated Research Vehicle (TLRV) auf der Versuchsanlage in Pueblo (Colorado), USA.

21 Luftkissen-Versuchsfahrzeug I.A.P. 2 des Instituto Aeronautica Palermo (Italien) mit seitlichen Abstützungen.

22 Luftkissen-Versuchsfahrzeug I.A.P. 3 auf der Versuchsanlage beim Flughafen Tapani-Milo auf Sizilien (Italien).

licheren Linearmotorantrieb stieß indessen auf Schwierigkeiten.

Dafür intensivierte das französische Unternehmen die Entwicklung der Nahverkehrs-Variante «Suburbain», die wieder auf der Teststrecke von Gometz-la Ville erprobt wurde. Als die französische Regierung am 29. Juli 1971 beschloß, eine rund 25 Kilometer lange Verbindung zwischen La Defense im Pariser Vorort Nanterre und der Trabantenstadt Cergy Pontoise für den neuen Aerotrain-Suburbain zu finanzieren, wurde das Konzept durch Forderungen nach einer Vielzahl von Zwischenstationen belastet. Beanstandet wurden auch die Immissionen des Luftkissensystems sowie die fehlende Kompatibilität mit den Schienenverbindungen im bestehenden S-Bahnnetz des Réseau-Express-Régional (RER) von Paris. In erster Linie politische Widerstände führten zunächst zur Verschiebung des Vorhabens. Später wurde es ganz «auf Eis gelegt». Am 21. Dezember 1975 starb Jean Bertin. Die Aerotrain-Entwicklung verlor damit in einer ohnehin schwierigen Phase ihren tatkräftigsten Verfechter.

Amerika setzt ebenfalls auf Luftkissen

Die amerikanische Rohr Industries Inc. in Chula Vista, Kalifornien, erwarb schon 1969 eine Mehrheitsbeteiligung an der Aeroglide Systems Inc. in New York, einer von Aerotrain zum Vertrieb ihres Systems in Amerika gegründeten Tochtergesellschaft. Rohr erhielt damit die Möglichkeit, auf der Grundlage der französischen Technologie ein eigenes, an den amerikanischen Verhältnissen orientiertes Luftkissen-Schnellverkehrssystem vor allem für Flughafen- und Intercity-Verbindungen zu entwickeln, zu bauen und in den USA, in Kanada und Mexiko zu vertreiben. Das Verkehrsministerium der USA (Department of Transportation, DoT) erteilte Rohr den Entwicklungsauftrag für ein Luftkissenfahrzeug (Tracked Air Cushion Vehicle, TACV) mit einer Platzkapazität von sechzig Personen und 240 km/h Höchstgeschwindigkeit. Auf der Internationalen Verkehrsausstellung «transport '72» am Dulles-Airport bei Washington wurde dieses Versuchsfahrzeug erstmals der Öffentlichkeit vorgestellt. An die Erprobung auf einer werkeigenen Strecke in Chula Vista schlossen sich Versuchsfahrten auf der großen Testanlage von Pueblo im Staat Colorado an.

Die Grumman Aerospace Corp. baute zusammen mit der Garrett Corp. im Auftrag des US-Verkehrsministeriums (DoT) Anfang der siebziger Jahre ebenfalls ein Luftkissenfahrzeug (Tracked Levitated Research Vehicle, TLRV). Als Forschungsfahrzeug sollte es vor allem Erkenntnisse über das Verhalten

der Luftkissensysteme im hohen Geschwindigkeitsbereich bis 500 km/h liefern. Im Frühjahr 1973 begannen auf einer anfangs 3,2 Kilometer langen, später auf 4,8 Kilometer verlängerten Strecke im Testzentrum von Pueblo Versuche zunächst im unteren Geschwindigkeitsbereich. Die Luft für die vier Trag- und vier Führungsluftkissen lieferten drei Gasturbinen, die zusätzlich zu den beiden für den Antrieb vorgesehenen Linearmotoren auch noch einen Anteil zum Schub beitrugen. Die Versuche mit diesem Fahrzeug wurden schon 1975 wieder eingestellt.

Mit Luftkissen-Schnellbahnen befaßten sich in den USA , gefördert durch die Urban Mass Transportation-Administration (UMTA) des US-Verkehrsministeriums auch Boeing und Vought Aeronautics; ihre Entwicklungen führten jedoch nicht bis zum Bau von einsatzfähigen Schnellbahn-Versuchsfahrzeugen.

Ganz am Anfang der Entwicklung spurgeführter Luftkissenfahrzeuge hatte in Amerika der um 1960 von Dr. Kucher bei der Ford Motor Company in Detroid konstruierte «Levacar» gestanden; anstelle von Rädern waren «Levapads» vorgesehen, die den Schienenkopf umgriffen, wobei durch Druckluft eine Berührung mit den Schienen verhindert und die Reibung aufgehoben werden sollte.

Luftkissenbahn auch in Italien

Auf dem Gelände der Universität Palermo erprobten die Professoren Giovanni Lanzara und Orazio Scrofani ebenfalls ein Luftkissensystem, das sie zusammen mit weiteren Wissenschaftlern am Institut für Luftfahrt (Instituto Aeronautica Palermo, I.A.P.) entwickelt hatten. Das erste Versuchsfahrzeug I.A.P.1 war 1967 ein 60 Zentimeter langes Modell. Ihm folgte 1969 I.A.P.2 im Maßstab 1:2, teilweise auch 1:3 gegenüber dem Entwurf für ein anwendungsreifes Fahrzeug. Bei rund zwei Tonnen Eigengewicht konnten etwa 500 Kilogramm Nutzlast transportiert werden; neben dem Fahrer war noch Platz für zwei weitere Personen. Im Gegensatz zum französischen Aerotrain stützte sich das italienische Luftkissenfahrzeug auf den Seitenflächen eines U-förmigen Betonprofils ab. Die Führung übernahmen neben seitlichen Luftaustritten zusätzliche Stützkufen. Zunächst stand nur eine 200 Meter lange Teststrecke zur Verfügung, so daß sich die Versuche auf geringe Geschwindigkeiten beschränken mußten. Ein weiteres Versuchsfahrzeug I.A.P.3 wurde Anfang der siebziger Jahre auf einer neuen etwa 600 Meter langen Versuchsanlage am Flughafen Tapani-Milo auf Sizilien erprobt. Die erste Luftkissenbahn Italiens sollte in Rom zwischen der City und dem Flughafen Fiumicino gebaut werden. Jetzt erhält der Flughafen Anschluß an das Eisenbahnnetz. Ende 1973 beschäftigte sich das Institut noch mit der Magnetschwebetechnik. Die Aktivitäten schliefen danach jedoch ein.

«Europole»-Schnellbahn

Noch zu Lebzeiten hatte Jean Bertin seinem «Aerotrain» ein Projekt von europäischer Dimension zu sichern versucht: eine Schnellverbindung zwischen Brüssel, Straßburg, Luxemburg und Genf als den Zentren europäischer Politik. Der Idee lag die Feststellung zugrunde, daß die Eisenbahn- und Straßennetze stark an den nationalen Bedürfnissen der europäischen Länder und besonders in Frankreich zentral auf die Hauptstadt ausgerichtet seien, während tangentiale und zwischenstaatliche Verbindungen mehr oder weniger fehlten. Auch der Europarat in Straßburg ließ sich für diese Argumentation gewinnen und forderte mehrfach die Realisierung einer Schnellbahn zwischen Brüssel und Genf über Straßburg und Luxemburg nach dem System «Aerotrain»; das Projekt ist unter dem Namen «Europole» bekannt geworden. Nach Bertins Tod machte sich René Radius, Mitglied des Europarats und Vorsitzender einer damit befaßten Studiengruppe, noch 1978 zum Befürworter der Luftkissenbahn. Er begründete seine erneute Initiative mit dem Entwicklungsvorsprung des französischen Systems von zehn Jahren und den damit bereits erzielten hohen Geschwindigkeiten.

Die «Europole»-Schnellbahn ist dennoch bisher nicht projektiert, geschweige denn gebaut worden. Das heißt allerdings keineswegs, daß der «Aerotrain» endgültig aus dem Wettbewerb der Systeme ausgeschieden wäre. Gegenwärtig läuft auf Regierungsebene eine Untersuchung über eine Schnellverbindung zwischen Paris und Köln. Obwohl dabei Frankreich heute in erster Linie an seine neue Rad-Schiene-Technologie und den Train à Grande Vitesse (TGV) denkt, gehört «Aerotrain» mit zu den in die Untersuchung einbezogenen Systemen.

«People Mover» mit neuer Technologie

Die zunehmenden Probleme des innerstädtischen Verkehrs, aber auch die wachsenden Entfernungen innerhalb neuer Großflughäfen, immer weiter ausgedehnter Einkaufs-, Klinik- oder Universitäts-Areale forderten zur Suche nach unkonventionellen Lösungen für eine schnelle, komfortable, flexible und dabei wirtschaftliche Personenbeförderung heraus. Als Ergebnis entstand eine Vielzahl von Klein- und Großkabinenbahnen, Einschienen-Hänge- und Standbahnen, für die sich der Begriff «People Mover» eingebürgert hat. In nahezu sämtlichen Industrieländern beteiligte sich die Industrie an deren Entwicklung.

Die meisten People Mover benützen für die Trag- und Führfunktion Gummi- oder Stahlräder, doch auch Luftkissen oder magnetische Trag- und Führkräfte wurden dafür ins Auge gefaßt. Lineare Induktionsmotoren als Antrieb waren bei diesen Systemen die Regel, bei den Räderfahrzeugen die Ausnahme.

In den USA, aber auch in europäischen Ländern beschäftigten sich schon in den sechziger Jahren mehrere namhafte Unternehmen mit unkonventionellen Nahverkehrsbahnen, wobei zunächst die Luftkissentechnik in Verbindung mit Linearmotoren im Vordergrund stand.

Tracked Hovercraft konzipierte 1961 ein Nahverkehrssystem mit Luftkissen und Linearmotor; zur anwendungsreifen Entwicklung kam es jedoch nicht. Unter Lizenznahme entstand in den USA das System «Hovair» von General Motors, der Transportation Technology Inc. und der Otis Elevator Company als eigenständige Entwicklung zunächst mit Kleinkabinen als Personal Rapid Transit (PRT) von vier bis acht Sitzplätzen, einem Zielwählautomaten an Bord sowie automatischer Betriebsführung und damit auch ständiger Verfügbarkeit für den Benützer. Unter der Bezeichnung Group Rapid Transit (GRT) wurden später auch Großkabinen in die Projektierung einbezogen.

Die Nahverkehrs-Variante des «Aerotrain» war für Geschwindigkeiten bis zu 200 km/h projektiert. Das Testfahrzeug «Suburbain» wog 12,5 Tonnen und konnte 40 bis 44 Personen aufnehmen; für die tragenden und führenden Luftkissen sorgte ein Verbrennungsmotor mit rund 275 Kilowatt und für den Antrieb ein Linearmotor mit 400 Kilowatt. Damit zielte dieses System eher auf Vorortverbindungen und Anschlüsse von Flughäfen oder Trabantenstädten und ist somit den «People Mover» kaum mehr zuzuordnen. Schwierigkeiten vor allem mit der Kombination von Linearmotor und Luftkissentechnik setzten der bereits weit gediehenen Entwicklung ebenfalls ein Ende.

Eine technisch ungewöhnliche und in vieler Hinsicht bemerkenswerte Konstruktion fand Maurice Barthalon mit seinem URBA genannten Hängebahnsystem, das in Lyon erprobt wurde. Als Fahrweg dient ein unten offener, entlang der Unterkanten nach außen abgewinkelter Hohlkastenträger. Ihn umschließt das Fahrwerk der Kabinen zunächst weitgehend luftdicht. Nach Einschaltung der Ventilatoren entsteht damit in dem Hohlkasten wachsender Unterdruck, so daß die Kabine vom atmosphärischen Druck angehoben wird. Die nun zuströmende Außen-

23 Personal Rapid Transit (PRT) von Transportation Technology und Otis Elevator auf der Verkehrsausstellung «transport '72» am Dulles-Airport bei Washington.

luft und der erzeugte Unterdruck stellen zwischen dem Fahrzeuggewicht und der Hubkraft Gleichgewicht her. Die Kabine bleibt bei relativ geringem Luftbedarf in der Schwebe und kann mit dem «umgekehrten» Luftkissen sowohl getragen als auch geführt werden. Für den Antrieb wird ein Linearmotor mit Reaktionsschiene im Inneren des Hohlkastenträgers verwendet. Die Konstruktion bietet gute Geräuschabschirmung nach außen, hohe Stabilität und absolute Entgleisungssicherheit. Seit 1965 wurde das System in Lyon mit kleinen Kabinen getestet, die vier bis acht Personen aufnehmen konnten. Auf einer etwa einen Kilometer langen Teststrecke folgten 1970 Versuche mit einer Großkabine für dreißig Personen, wobei auch das Verhalten in Kurven und Steigungen sowie die Weichenkonstruktionen untersucht wurden. Zu dem schon beschlossenen Bau einer vier Kilometer langen Demonstrationsstrecke entlang der Rhone in Lyon kam es allerdings nicht mehr. Dort sollten Züge mit bis zu sechs Dreißig-Personen-Kabinen eingesetzt werden. Auch die vorgesehene Großkabinen-Variante für 100 bis 120 Personen ist nicht mehr gebaut worden.

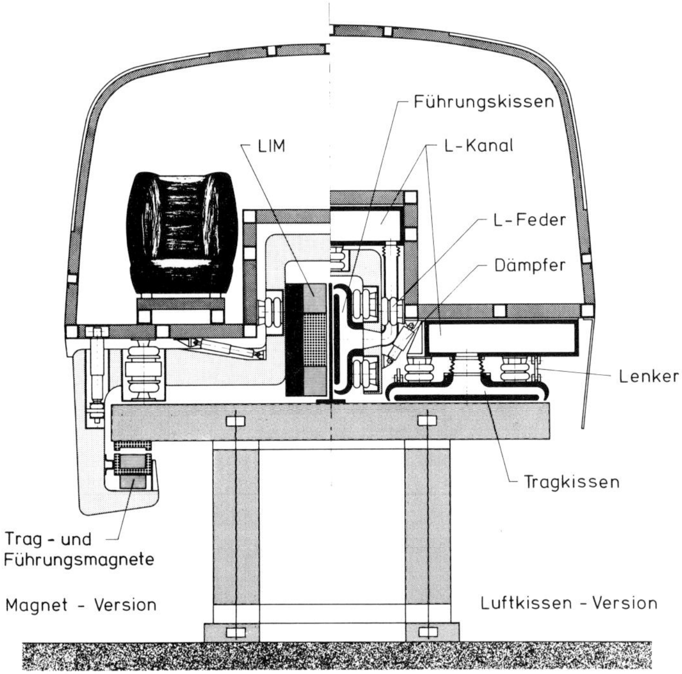

24 Vergleich des Magnetschwebefahrzeugs Transrapid 02 (links) mit der Luftkissen-Version Transrapid 03 auf derselben «bivalenten» Fahrbahn.

Mit einem ähnlichen System beschäftigte sich in den USA noch die Otis Elevator Company, ging aber bald zu gewöhnlichen Luftkissen über. Nach mehrjährigen Entwicklungsarbeiten im werkeigenen Testzentrum von Denver entstand eine erste Anlage an der Universität Durham im Staat North Carolina zur Verbindung zweier Klinikkomplexe der medizinischen Fakultät. Die 537 Meter lange, teilweise doppelspurige Bahn überquert den Campus, ein Eisenbahngleis und eine bewegliche Brücke; eingleisig endet sie schließlich in einem mehrstöckigen Parkhaus. Die Luftkissen werden von einer Reihe Hovair-Aggregaten erzeugt; zwei im Fahrweg eingelassene Stromschienen liefern dafür 230 Volt Wechselspannung. Die Seitenführung übernehmen Gummiräder. Für Pendelverkehr auf nur einer Linie genügen Drahtseilantriebe mit Lifttechnologie; für Streckennetze sollen die Kabinen dagegen mit Linearmotoren ausgerüstet werden, so daß ein freizügiger Betrieb möglich ist. Anlagen der Drahtseilvariante entstehen gegenwärtig in Tampa (Florida) zur Verbindung von Stadt und Hafen, ferner für den Wintersportverkehr in der Tiroler Gemeinde Serfaus, wo künftig ein People-Mover auf Luftkissen und mit Seilantrieb unterirdisch durch den Ort «schweben» soll; zwei Haltestellen liegen im Ortszentrum. Zur Überbrückung der rund 1300 Meter zwischen dem Hauptparkplatz und den Skiliften mußte eine leistungsfähige und umweltfreundliche Verbindung geschaffen werden.

Luftkissen im Vergleich zur Magnetschwebetechnik

In Deutschland hat die Luftkissentechnik bei der Entwicklung berührungsfreier Verkehrssysteme keine Rolle gespielt. Hier wurde von Anfang an die Magnetschwebetechnik bevorzugt. Um dabei jedoch keiner Fehleinschätzung zu erliegen, unternahm Krauss-Maffei auf der «bivalenten», das heißt für beide Systeme geeigneten Transrapid-Versuchsanlage in München-Allach 1972 einen technisch-wissenschaftlichen Komponentenvergleich zwischen Luftkissen und Magnetkissen. Unter identischen Bedingungen wurde das Magnetschwebefahrzeug Transrapid 02 mit dem speziell für diese Untersuchungen gebauten und ausgerüsteten Luftkissenfahrzeug Transrapid 03 verglichen. Abstützung und Führung übernahmen im einen Fall magnetische Felder, im anderen Luftkissen; zum Vortrieb diente jeweils ein Linearmotor. Die Ergebnisse ließen die Überlegenheit der Magnetschwebetechnik eindeutig erkennen, so daß die Luftkissenvariante nicht weiter verfolgt wurde. Als markante Kriterien sprachen insbesondere wesentlich geringerer Energieverbrauch, Geräuschlosigkeit, Verschleißfreiheit und Witterungsunempfindlichkeit.

Einer von Krauss-Maffei Anfang der siebziger Jahre ebenfalls entwickelten Nahverkehrsbahn unter dem Namen «Transurban» lag dementsprechend auch die Magnetschwebetechnik zugrunde. Obwohl sich zunächst vor allem mit Kanada eine erfolgversprechende Zusammenarbeit abzeichnete, erschien diese Entwicklungslinie bald als zu anspruchsvoll für eine städtische Kabinenbahn; das Konzept wurde deshalb nicht weiter verfolgt.

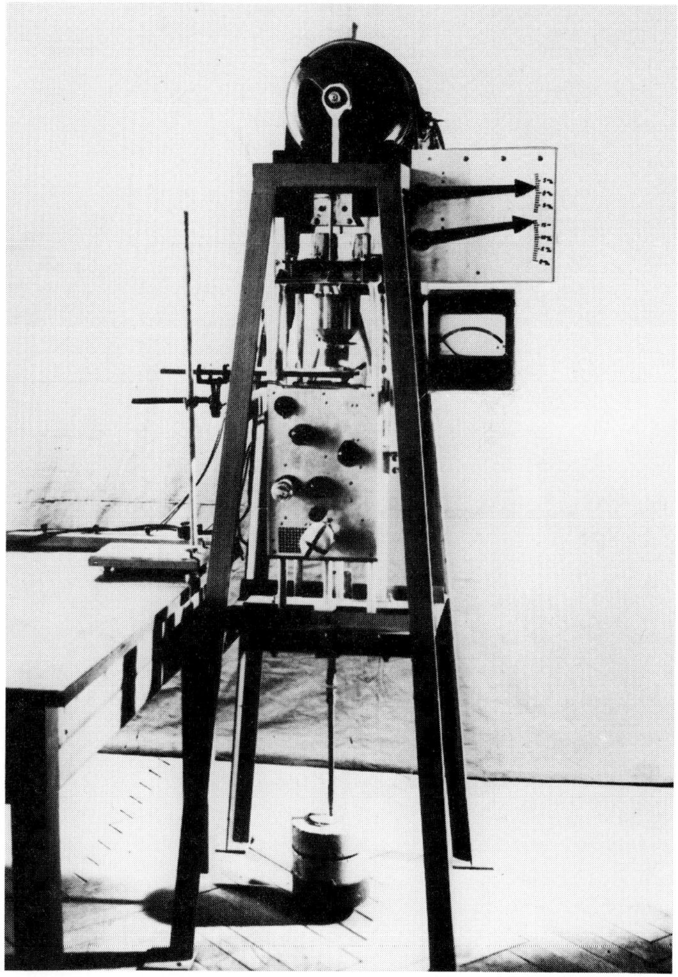

25 Dipl.-Ing. Hermann Kemper, der «Vater der Magnetbahn».

26/27 Die ersten Experimentier- und Meßaufbauten Hermann Kempers; der «Kleine Schwebeprüfstand» (links) und der danach erstellte «Große Schwebeprüfstand», der die ersten Versuchsergebnisse berücksichtigte. Hier wurden bereits alle Vorgänge beim magnetischen Schweben im Stand simuliert. Die Versuche am «Großen Schwebeprüfstand» mußten 1943 angesichts der Kriegslage abgebrochen werden.

Hermann Kemper, Vater der Magnetbahn

Wie das Luftkissen bei seiner Wiederentdeckung im Prinzip schon Jahrzehnte bekannt war, so bedeuteten auch magnetische Kräfte für berührungsfrei schwebende Bahnen keine neue Erfindung, als sie in jüngster Zeit dafür eingesetzt und seit 1971 mit mehreren Versuchsfahrzeugen einer breiteren Öffentlichkeit vor Augen geführt wurden.

Bei ihren Entwicklungsarbeiten stießen die Ingenieure auf Patentschriften und Veröffentlichungen aus den dreißiger Jahren und bald darauf auch auf deren Urheber: auf Hermann Kemper, der sich seit 1922 mit dem Problem einer elektromagnetischen Schwebebahn beschäftigt und für die Prinzipien der geregelten Elektromagnete bis 1938 drei Patente erhalten hatte.

Kempers Leistung lag vor allem auf den Gebieten der Regeltechnik und der Elektronik, wofür damals lediglich Röhren zur Verfügung standen. Die erste Schaltung für ein nach dem Prinzip der elektromagnetischen Anziehung arbeitendes Schwebesystem entwickelte Kemper 1933. Damit ließ sich stabiles Gleichgewicht herstellen zwischen der magnetischen Tragkraft und dem angehängten Gewicht. Zwei Jahre später konnte auf dem Prüfstand mit einem geregelten Elektromagneten eine Last von

28 Anfang der vierziger Jahre von der Aerodynamischen Versuchsanstalt in Göttingen geplante Magnetbahn für Strömungsuntersuchungen an Flugzeugen oder Flugzeugmodellen; Geschwindigkeiten bis 2500 km/h waren ins Auge gefaßt.

210 Newton über einem Luftspalt von 15 Millimetern in der Schwebe gehalten werden. Am 21. September 1935 erteilte das Reichspatentamt die Schutzrechte für eine «Schwebebahn mit räderlosen Fahrzeugen, die mittels magnetischer Felder an eisernen Fahrschienen schwebend entlang geführt werden».

In seiner Schrift «Die elektromagnetische Schwebebahn» aus dem Jahr 1936 gab Kemper bereits Auslegungskriterien für die Magnetregelung an, die bis heute Gültigkeit haben. Kemper konnte seine Arbeiten zwar noch bis in den Zweiten Weltkrieg hinein an der Aerodynamischen Versuchsanstalt in Göttingen fortsetzen. Die damals geplante, etwa zwanzig Kilometer lange Versuchsstrecke für aerodynamische Messungen erschien allerdings angesichts der Zeitumstände offenbar als zu aufwendig. Auf der Anlage sollten Flugzeuge oder Flugzeugmodelle mit Geschwindigkeiten von 1200 oder sogar 2500 km/h durch die Atmosphäre geschleppt werden. Da hierfür Räderfahrzeuge ausschieden, sollte die Magnetschwebetechnik eingesetzt werden. Doch 1943 zog der Kriegsverlauf einen vorläufigen Schlußstrich unter die Entwicklung.

Immerhin erlebte Kemper noch die ersten praktischen Schritte zur berührungsfreien Magnetfahrtechnik mit. Auf dem Weg von der Röhre über den Transistor zu integrierten Schaltkreisen und Mikroprozessoren ließ die Elektronik Wirklichkeit werden, was bis dahin zwar theoretisch denkbar, aber eben noch nicht realisierbar gewesen war. Hermann Kemper fuhr mit, als in München die ersten magnetisch getragenen und geführten Versuchsfahrzeuge getestet wurden und verfolgte die Entwicklung bis zuletzt mit sachkundigem Interesse. Am 13. Juli 1977 starb er, als «Vater der Magnetbahn» geehrt, im Alter von 85 Jahren.

Schwerer Start für die Magnetbahn

Doch schon als Kemper mit seinen Arbeiten an die Öffentlichkeit trat, war es keineswegs die erste Magnetschwebebahn, die von sich reden machte. Immerhin hatte A. C. Albertson schon am 2. Dezember 1902 ein US-Patent auf ein Magnetkissen erhalten, vor allem aber war der Franzose Emile Bachelet zwischen 1912 und 1914 mit einer Magnetschwebebahn an die Öffentlichkeit getreten und hatte damit viel Aufsehen erregt. Während phantasiebegabte Reporter bereits die Reise vom einen zum anderen Ende Europas in wenigen Stunden prophezeiten, die Fachpresse dagegen eher kühle Zurückhaltung übte, sah sich die Zeitung des Vereins Deutscher Eisenbahn-Verwaltungen schon damals zur Verteidigung des Rad-Schiene-Systems herausgefordert:

«. . . Es kommt dieser Anlage aber keine weitere Bedeutung zu, als die einer interessanten Spielerei, wenn auch anerkannt werden muß, daß sie auf wissenschaftlich-elektrotechnisch richtigen Grundgedanken beruht. Der Hauptirrtum dabei liegt auf wirtschaftlichem Gebiet, nämlich darin, daß die Kraft, die zum Abheben des Wagens von den Schienen erforderlich ist, mindestens ebenso groß, ja wahrscheinlich sogar viel größer ist, als die Kraft, die zum Überwinden der Reibungswiderstände eines auf den Schienen stehenden Wagens nötig sein würde. Wird aber mehr Kraft verbraucht, so sind natürlich auch die Kosten höher . . .»

Dieser Gesetzmäßigkeiten war sich Hermann Kemper ebenfalls völlig bewußt. So gehörte die klare Darlegung der betriebswirtschaftlichen Unterschiede zwischen Schwebetechnik und konventioneller Eisenbahn als wesentlicher Punkt zu seiner Arbeit über die elektromagnetische Schwebebahn. Wenn er sich dennoch weiter mit der Materie beschäftigte, so aus der Überzeugung heraus, daß ein völlig neues Verkehrssystem auch zahlreiche neue Vorteile bringen, den physikalisch unvermeidbaren Mehraufwand damit rechtfertigen und sich trotzdem bald bezahlt machen würde.

Erst 25 Jahre später wurde in Deutschland der Gedanke an eine Schnellbahn wieder aufgegriffen. Impulse gingen von den japanischen Shinkansen zwischen Tokio und Osaka aus, von Jean Bertins Aerotrain in Frankreich und den Arbeiten von Hovercraft in England an einem ähnlichen System.

Ende der sechziger Jahre entstand das deutsche Projekt einer «Autoschienenbahn» (ASB), die den Norden und den Süden der Bundesrepublik über das Ruhrgebiet, den Rhein-Main- und Rhein-Neckar-Raum mit einer für hohe Geschwindigkeiten geeigneten Strecke verbinden und neben Personen

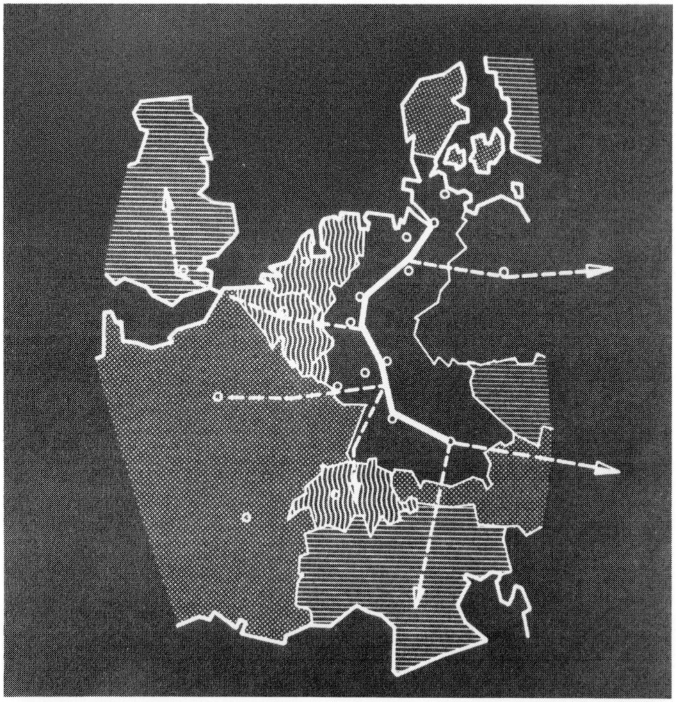

29 Die Anfang der siebziger Jahre vorgesehene C-förmige Verbindung zwischen Hamburg und München sollte die west- und südwestdeutschen Zentren einbeziehen und sah auch Anschlüsse ins benachbarte Ausland vor.

vor allem Lastzüge, Container und Autos befördern sollte. Der Name wurde schon bald in «Hochleistungs-Schnellbahn» (HSB) geändert, eine entsprechende Studie 1969 von der Bundesregierung in Auftrag gegeben. Der damit betrauten HSB-Studiengesellschaft gehörten die Bölkow GmbH, die Strabag Bau-AG und die Deutsche Bundesbahn an. Die Art des Bahnsystems, ob Eisenbahn mit konventioneller Rad-Schiene-Technik, Luftkissen- oder Magnetschwebebahn, blieb zunächst offen, sie sollte sich aus der streng wissenschaftlichen Systemanalyse erst ergeben.

Die Argumentation für dieses Vorgehen klang plausibel: im Ausland würden neue Technologien entwickelt, die dann Einsatzmöglichkeiten suchten; in Deutschland sollten dagegen umgekehrt erst die vorhandene Verkehrsstruktur analysiert und der zu erwartende Verkehrsbedarf ermittelt werden, um danach die am besten geeignete Technologie dafür auszuwählen. Die Realität sah freilich auch hier anders aus.

Die HSB-Studie, die am 22. Dezember 1971 dem damaligen Bundesverkehrsminister Georg Leber übergeben, jedoch erst geraume Zeit später der Öffentlichkeit zugänglich gemacht wurde, mußte mit zahlreichen Parametern arbeiten, mit zwei oder mehreren alternativen Annahmen für jede zunächst nicht eindeutig festgelegte Größe. Dazu gehörte auch die Art des Bahnsystems. Eine Entscheidung zugunsten fortschrittlicher Rad-Schiene-Technik wie in Japan hätte dem unkonventionellen System die Chance genommen und damit womöglich einen zukunftsweisenden Weg von vornherein verbaut. Andererseits war aber diese unkonventionelle Technologie noch zu wenig abgesichert, um darauf eine derart weitreichende Entscheidung zu gründen.

Inzwischen ist die Grundidee der HSB, eine C-förmige Verbindung zwischen Hamburg und München über die west- und südwestdeutschen Zentren neu zu schaffen, ebenso zu den Akten gelegt worden, wie die spätere Variante einer 8-förmigen Strecke, bei der zur ursprünglichen noch zwei Bogen über Kassel und Nürnberg hätten hinzukommen sollen. Die Diskussion über die Technologie hat sich damit von selbst erledigt. Die in Deutschland inzwischen zur Einsatzreife entwickelte Magnetschwebetechnik steht insofern nun vor der gleichen Situation wie einst die neuen Entwicklungen in anderen Ländern: sie muß nach geeigneten Einsatzmöglichkeiten suchen.

30 Ein historischer Tag in der Geschichte der Magnetbahn: Zur Weltpremiere startete in Ottobrunn bei München am 6. Mai 1971 das «Prinzipfahrzeug» von Messerschmitt-Bölkow-Blohm zur ersten offiziellen Magnetschwebefahrt. Auf dem Podium der damalige Bundesverkehrsminister Georg Leber (im hellen Anzug), Firmenchef Dr. Ludwig Bölkow, Dipl.-Ing. Götz Heidelberg und der damalige Vorstandsvorsitzende der Deutschen Bundesbahn Professor Dr. jur., Dr.-Ing. E. h. Heinz Maria Oeftering (von links nach rechts).

Weltpremiere in Ottobrunn

Anfang 1966 hatte in Ottobrunn südöstlich von München ein kleines Team von Experten sein Augenmerk erstmals neuen Schnelltransportsystemen zugewandt. Fünf Jahre später mündeten diese Überlegungen bereits in eine Weltpremiere: im Beisein der Bundesminister für Verkehr, Georg Leber, und für Wissenschaft und Bildung, Professor Dr.-Ing. Hans Leussink, zahlreicher Gäste aus Industrie und Verwaltung und vor den Kameras von Film und Fernsehen startete am 6. Mai 1971 das kanariengelbe, 5200 Kilogramm schwere «Prinzipfahrzeug» auf einer 660 Meter langen Versuchsstrecke im Ottobrunner Werkgelände von Messerschmitt-Bölkow-Blohm zu seiner ersten offiziellen Fahrt. Der effektiv erste Fahrtest hatte schon am 2. April stattgefunden.

Der Bundesverkehrsminister nannte von vielen Gründen für das völlig neuartige Verkehrssystem besonders drei: die Grenzen von Rad und Schiene jenseits 300 Stundenkilometern, die Grenzen einer weiteren Intensivierung des Luftverkehrs sowie die erwartete Zunahme der Verkehrsnachfrage aufgrund längerer Freizeit und höherer Einkommen der Gesellschaft. Damit waren auch die wesentlichen Punkte der Marktlücke umrissen, in der die Magnetbahn eines Tages gewissermaßen zwischen Eisenbahn und Flugzeug schweben sollte.

Die vom Bund in Auftrag gegebene HSB-Studie, die seinerzeit als größte bekannte Analyse über neue Verkehrssysteme galt, ermunterte die Industrie, sich nicht mit Vorschlägen zur Leistungssteige-

31 Das «Prinzipfahrzeug» von Messerschmitt-Bölkow-Blohm auf der ersten Versuchsanlage in Ottobrunn bei München; seitlich sind die Reaktionsschienen für die Trag- und Führmagnete, in der Mitte – nur als Linie erkennbar – die senkrecht stehende Reaktionsschiene des Kurzstator-Linearmotors sowie beiderseits dazwischen die Stromschienen für die Energieübertragung zu sehen.

32 Schnittbild des «Prinzipfahrzeugs» von Messerschmitt-Bölkow-Blohm.

rung und Modernisierung des Rad-Schiene-Systems zu begnügen, sondern zur Lösung der gestellten Aufgabe auch völlig neue Technologien ins Spiel zu bringen. Berührungsfreie Fahrtechniken versprachen Vorteile vor allem für einen Dauerbetrieb bei hohen Geschwindigkeiten. Während Rad und Schiene dabei starkem Verschleiß unterliegen und erheblichen Instandhaltungsaufwand erfordern, konnten diese Probleme mit berührungsfrei schwebenden Fahrzeugen vermieden, günstigere Antriebs- und Bremssysteme benützt, absolute Entgleisungssicherheit bei hohen Geschwindigkeiten gewährleistet und die Fahreigenschaften optimiert werden.

Auch bei Messerschmitt-Bölkow-Blohm war die vor allem in Frankreich von erheblichem öffentlichen Aufsehen begleitete Luftkissenentwicklung keineswegs von vornherein ausgeschlossen worden. Doch die Ergebnisse systematischer Überlegungen und Vergleiche ließen von der Magnetfahrtechnik günstigere Eigenschaften und einen wesentlich geringeren Energieverbrauch erwarten. Auch supraleitende Magnete waren schon damals in die Betrachtung einbezogen. Konsequent und auch aus heutiger Sicht richtig konzentrierten sich die experimentellen Arbeiten jedoch auf geregelte Elektromagnete, weil die nötige Technologie dafür zu diesem Zeitpunkt bereits zur Verfügung stand.

Das zur Premiere vorgestellte «Prinzipfahrzeug» war bei aller scheinbaren Einfachheit bereits das Ergebnis systematischer theoretischer Überlegungen, Vergleiche in Simulationsmodellen und Kontrollen am Prüfstand. Die Leitlinie bildeten stets die an ein neues Verkehrssystem geknüpften Erwartungen. Bei jedem Gedankenschritt war zu überprüfen, ob das Resultat noch mit der Leitlinie in Einklang stand. So wurden die Komponenten Sicherheit, Fahrkomfort, Energiebedarf oder Umweltwirkung zunächst in Aufgabenstellungen für den Konstrukteur umgesetzt und damit unter technischen Aspekten betrachtet: Entgleisungssicherheit, Schwingungsverhalten von Fahrweg und Fahrzeug, Luftwiderstand, Trag- und Führsystem, Antrieb, Geräuschpegel.

Für jeden Entwurf entstand ein mathematisches Modell, mit dem sich das Verhalten der Systeme simulieren und in jedem Stadium dem Vergleich mit der Leitlinie zugänglich machen ließ. Schritt für Schritt vervollständigte sich so der Systementwurf mit immer mehr einbezogenen Komponenten, mit immer weiter verbesserten und ausgedehnten mathematischen Modellen, schließlich unter Benützung bereits gewonnener realer Werte aus den Messungen. Der hierfür in Ottobrunn errichtete dynamische Prüfstand wurde den wechselnden Anforderungen in der Entwicklungsphase immer wieder angepaßt. Hier ergaben sich erste Einblicke in das reale Verhalten der Einzelsysteme vor deren Integration in das Gesamtsystem, das «Integrationsmodell». Dabei konnten einander Theorie und Experiment unmittelbar folgen, die konkreten Entwicklungen mit den mathematischen Modellen gekoppelt werden. Als Ergebnis entstanden Fahrzeugkomponenten, die den Anforderungen entsprachen und dies nach Einbau in das Prinzipfahrzeug als endgültiges Integrationsmodell der ersten Entwicklungsphase auch eindrucksvoll unter Beweis stellten.

33 Unbemannter Meßschlitten mit Räderfahrwerk zur Weiterentwicklung der Magnetsysteme; eine Heißwasserrakete sorgte für die nötige hohe Beschleunigung auf der nur kurzen Versuchsstrecke in Ottobrunn bei München; so wurden auf 660 Metern bis zu 225 km/h erreicht.

Auch der Antrieb hat Geschichte

Die eigentliche Faszination der berührungsfreien Fahrtechnik ging von den radlosen Trag- und Führsystemen aus. Ihnen galt anfangs auch das Hauptaugenmerk. Demgegenüber trat der Antrieb, für den ebenfalls nur ein berührungsfreies System in Frage kommen konnte, zunächst in den Hintergrund. Dies um so mehr, als die Kombination der Trag- und Führeinrichtungen mit einem Induktionsmotor ihre eigenen Probleme aufwarf. Die Luftkissentechnik blieb vor allem deshalb auf der Strecke.

Auch Messerschmitt-Bölkow-Blohm erachtete bei den ersten Versuchen ein optimiertes Antriebssystem für noch nicht unbedingt erforderlich. Gleichwohl wurde von vornherein ein linearer Induktionsmotor zugrunde gelegt, jedoch die relativ leichte und einfache Asynchron-Kurzstator-Bauart, mit der zunächst geringer Leistungsfaktor und Wirkungsgrad sowie höhere Luftspaltempfindlichkeit in Kauf genommen wurden. Für die Zukunft war deshalb eine synchrone Bauart schon damals ins Auge gefaßt.

Der Blick in die Vergangenheit brachte auch hier Erstaunliches zutage. Das erste Patent für einen linearen Induktionsmotor stammt von 1885. Das Kaiserliche Patentamt erteilte es am 12. September unter der Nummer 36 554 an den Frankfurter Dr. phil. Th. Bruger in Bockenheim. Ein Jahr später erhielt John Thomas Williams aus Mount Vernon bei New York unter der Nummer 39 413 ein Patent für einen Synchron-Linearmotor, am 29. Juli 1889 Schuyler S. Wheeler und Charles S. Bradley aus New York unter der Nummer 448 598 das US-Patent für einen Linearmotor als Antrieb eines elektrischen Transportsystems.

Bei der heutigen Magnetbahnentwicklung liefen auch mit den Berechnungen des Linearmotorantriebs Prüfstandversuche parallel, um die Ergebnisse durch Meßwerte abzusichern.

Mit Phantasie zum nächsten Schritt

Das Prinzipfahrzeug von Messerschmitt-Bölkow-Blohm erschien als erstes, weithin sichtbares Ergebnis der Magnetbahnentwicklung. Seine Aufgabe bestand vor allem darin, zunächst einmal zuverlässig abzuklären, ob sich die Magnetfahrtechnik in anwendungsorientierten Dimensionen überhaupt realisieren läßt. Denn eine elektromagnetisch in der Schwebe gehaltene Last im Labor oder ein erstes Tischmodell zur Demonstration lassen auf ein tonnenschweres Fahrzeug für den Schnellverkehr, das auch starken dynamischen Kräften ausgesetzt ist, nur sehr bedingte Schlüsse zu. Insbesondere muß-

34 Erstes Funktionsmodell «Transrapid 01» von Krauss-Maffei bei einer Vorführung im Herbst 1970 vor dem damaligen Vorstand der Deutschen Bundesbahn: in der Mitte der Vorstandsvorsitzende Professor Dr. jur., Dr.-Ing. E. h. Heinz Maria Oeftering, links neben ihm – das Modell in Händen – Helmut Stukenberg (kommerzieller Bereich), rechts neben Oeftering Dipl.-Ing. Friedrich Laemmerhold (Technik).

ten die Regelung der magnetischen Trag- und Führsysteme, der Linearmotorantrieb und das Fahrzeug selbst mit seinem Feder- und Dämpfungssystem die Betriebstüchtigkeit auf der Strecke erst noch unter Beweis stellen.

Auf der verfügbaren Anlage mit ihren 660 Metern Länge waren allerdings mit dem Prinzipfahrzeug höchstens 90 km/h erreichbar. Um dennoch in höhere Geschwindigkeitsbereiche vorzustoßen, sah das Entwicklungsteam zunächst vor allem seine Phantasie und sein Improvisationstalent gefordert. Als Ergebnis entstand 1972 ein unbemannter «Magnet-Meßschlitten» mit einem Räderfahrwerk, den eine Heißwasserrakete mit bis zu 23 ms^{-2} beschleunigte, so daß auf der relativ kurzen Versuchsanlage schon bald Geschwindigkeiten bis zu 180, später sogar 225 km/h erreicht wurden.

Nach der Beschleunigungsphase durchfuhr der 3,6 m lange, 2,5 m breite und 1,55 m hohe Versuchsträger die eigentliche, nur zwanzig Meter lange Meßstrecke und wurde dann von einer Zweikreis-Friktionsbremse auf kürzester Distanz wieder abgebremst. Für den – nie eingetretenen – Notfall endete die Teststrecke in einem wassergefüllten Bremskanal.

Eine mitgeführte Meß- und Registrieranlage erfaßte während der Fahrt alle relevanten Daten automatisch. So konnten mit diesem Fahrzeug wichtige Komponenten für die Weiterentwicklung, insbesondere Magnete, Stromabnehmer, Spalt- und Geschwindigkeitsgeber auf dieser verhältnismäßig kurzen Teststrecke erprobt werden.

Der erste «Transrapid» schwebte im Saal

Schon einige Monate vor der ersten Schwebefahrt des «Prinzipfahrzeugs» von Messerschmitt-Bölkow-Blohm in Ottobrunn hatte auch Krauss-Maffei in München-Allach seine Aktivitäten auf diesem Gebiet demonstriert, allerdings zunächst nur mit einem Modell, das auf einer Pressekonferenz am 14. Oktober 1970 erstmals der Öffentlichkeit vorgeführt wurde und seither die Reihe der Versuchsfahrzeuge gleichen Namens als «Transrapid 01» anführt.

Während sich Messerschmitt-Bölkow-Blohm dem Schnellverkehr zu Lande eher in der Absicht zuwandte, seine Aktivitäten in der Luftfahrt abzurunden und die Aufgabe dementsprechend mit den Methoden der Luftfahrttechnik anzugehen, stützte Krauss-Maffei sein Engagement auf eine nahezu 140jährige Tradition als Lokomotivfabrik, die sich den Anschluß an die Zukunft zu sichern beabsichtigte.

Auch hier lag dem Entschluß zur Entwicklung eines völlig neuen Verkehrssystems die Überzeugung zugrunde, daß in absehbarer Zukunft für Kurzstreckenflüge im überfüllten Luftraum kein Platz mehr sein werde, so daß zwischen der Eisenbahn im Bereich ab 200 bis 400 Kilometer und dem Flugzeug ab tausend bis 1200 Kilometern Entfernung ein neues Verkehrsmittel bald unverzichtbar sein werde. Die Arbeiten der Hochleistungsschnellbahn-Studiengesellschaft bekräftigten diese Annahme. Im übrigen wollte man nicht untätig zusehen, wie in Orleans, Los Angeles, London, Kiew und Tokio die Zukunft heranreifte.

Neben der Höchstgeschwindigkeit von mindestens 500 km/h hatte Krauss-Maffei seinem Konzept einen anspruchsvollen Katalog von Vorgaben zugrunde gelegt:

Die Fahrzeuge fahren in so dichter Folge, daß wie im Individualverkehr auf einen Fahrplan verzichtet werden kann. Der Komfort entspricht dem eines modernen Verkehrsflugzeugs bei ruhigem Wetter. Technik und Betriebssystem gewährleisten vollkommene Sicherheit. Die Fahrkarte kostet nicht mehr als der Flug oder eine Eisenbahnfahrkarte 1. Klasse. Dem Träger bietet das System angemessenen Gewinn oder mindestens volle Kostendeckung. Auch klimatische Störeinflüsse werden weitgehend ausgeschaltet. Frei von der Gefahr menschlichen Versagens werden die Fahrzeuge vollautomatisch gesteuert. Die Trasse zerschneidet weder das Landschafts- noch ein Stadtbild. In das vorhandene wird das neue Verkehrssystem ebenso wie in die Umwelt voll integriert. Forschung, Entwicklung und Bau sind finanzierbar.

Auch Krauss-Maffei ging von drei Lösungsmöglichkeiten aus: Magnetische Trag- und Führsysteme mit Linearmotorantrieb, Luftkissen mit Linearmotorantrieb oder Luftkissen mit «fluidischem» Antrieb, womit – hinter einem nicht gerade geläufigen Fremdwort verborgen – ein Antrieb durch Luftströmung,

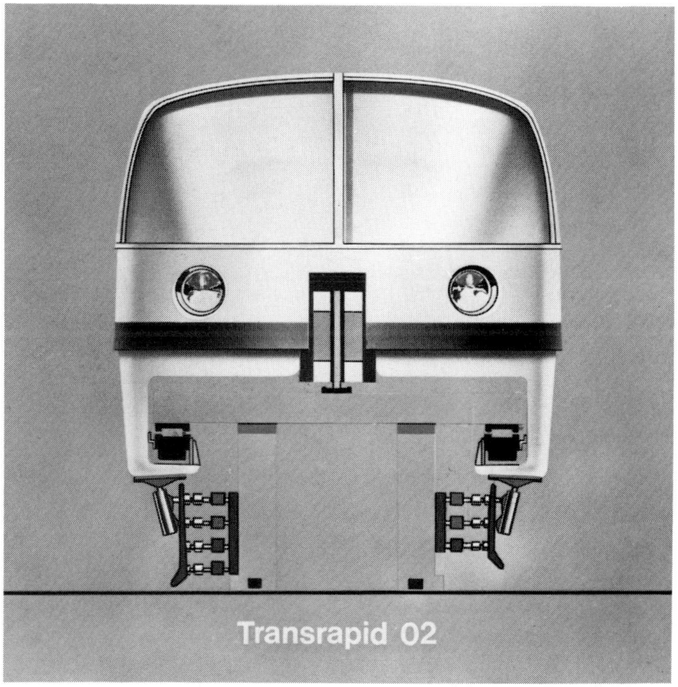

35 Schnittbild des «Transrapid 02» von Krauss-Maffei.

36 «Transrapid 02» auf der Versuchsstrecke von Krauss-Maffei in München-Allach. Sie enthielt zum ersten Mal auch eine Kurve. In der Mitte der Betonfahrbahn ist die senkrecht stehende Reaktionsschiene für den Kurzstator-Linearmotor zu erkennen.

also mit Propeller oder Strahltriebwerk, gemeint war. Freilich konzentrierte sich auch bei Krauss-Maffei die Entwicklung schon damals auf die erste, die Magnetbahn-Variante.

37 Erste Kartenskizze der geplanten Versuchsanlage im Donauried zwischen Dillingen und Wertingen.

Zur Halbzeit am Ziel

Das Vorhaben erschien damals so erfolgversprechend, daß sich Krauss-Maffei entschloß, sein ursprünglich auf etwa zwei Jahre angelegtes Entwicklungsprogramm auf die Hälfte dieses Zeitraums zu verdichten. Tatsächlich konnte schon am 11. Oktober 1971, weniger als ein Jahr nach der ersten Präsentation des Konzepts, auf dem Werkgelände in Allach die erste Transrapid-Versuchsanlage ihrer Bestimmung übergeben werden. Am 28. April war der erste Spatenstich vollzogen, am 6. Oktober das Experimentalfahrzeug «Transrapid 02» in die Trasse «eingefädelt» worden. Sie enthielt zum ersten Mal auch eine Kurve und näherte sich damit realistischen Verhältnissen um einen weiteren Schritt.

Berührungsfreies Tragen und Führen sollten auf der neuen Anlage zunächst mit «Magnetkissen», danach mit Luftkissen erprobt werden. Für die Luftkissen-Variante wurde jedoch später ein eigenes Testfahrzeug gebaut und als «Transrapid 03» bezeichnet.

Die Versuchsstrecke lag zu ebener Erde und war etwa tausend Meter lang; damit ließen sich bis zu 150 km/h erreichen. Das Fahrzeug «Transrapid 02» war dagegen bereits für 350 km/h ausgelegt, in der Erwartung, die Strecke bald entsprechend verlängern zu können. In der Mitte der Betontrasse verlief die senkrecht stehende Reaktionsschiene für den im Fahrzeug eingebauten Linearmotor. Er stammte von Merlin & Gerin und war auf eine maximale Schubkraft von 25 kN ausgelegt. Einen zweiten Linearmotor lieferte AEG-Telefunken. Die Beschleunigung des Fahrzeugs sollte ausreichen, um trotz der kurzen Trasse die angestrebten Geschwindigkeiten zu erreichen. Schon nach wenigen Wochen erreichte der «Transrapid 02» mit Linearmotorantrieb, magnetisch getragen und geführt, 164 km/h.

Mit den seitlich montierten Stromschienen korrespondierten die Stromabnehmer des Fahrzeugs; die Energieübertragung mit Schleifkontakten bildete allerdings nicht nur einen «Stilbruch» in der berührungsfreien Fahrtechnik, sondern – wie von der Eisenbahn her bekannt war – bei Geschwindigkeiten über 200 km/h auch ein technisches Problem. Auf seine Lösung wurde inzwischen aller Scharfsinn verwendet, und es erscheint auch heute nicht ausgeschlossen, daß eines Tages noch darauf zurückgegriffen wird: wenn nämlich – zur Verringerung der Fahrwegkosten einer weniger intensiv genutzten Magnetbahn – das elektromagnetische Schwebesystem mit einem Kurzstator-Linearmotor kombiniert werden soll.

Unter der Betonfahrbahn der ersten Transrapid-Versuchsanlage war auf jeder Seite eine U-förmige Eisenschiene montiert. Völlig getrennt vom Antriebssystem wirkten darauf die magnetischen Trag- und Führkräfte des Fahrzeugs. Sie wurden von nur einem integrierten Magnetsystem auf jeder Fahrzeugseite entwickelt. Im Gegensatz dazu regelte Messerschmitt-Bölkow-Blohm den vertikalen und den horizontalen Abstand des Fahrzeugs von der Fahrbahn getrennt, um Seitenkräfte in Kurven oder durch Wind unabhängig von Höhenunterschieden ausgleichen und damit Ungenauigkeiten der Trasse regelungstechnisch besser beherrschen zu können.

38 So sah der Grafikdesigner die Magnetbahn-Versuchsstrecke unter der mächtigen Hochspannungsleitung auf dem Grasbrunner Geräumt im Süden der bayerischen Landeshauptstadt. Obwohl der Bahn schlichte technische Eleganz nicht abzusprechen war und die Anlage nach einigen Jahren wieder abgebaut werden sollte, brachten Naturschützer und Anlieger das Vorhaben zu Fall.

Die Politik am Zug

Die Eröffnung der ersten Transrapid-Versuchsanlage endete mit einem Appell der Industrie an den anwesenden Bundesminister für Wissenschaft und Bildung, Prof. Dr.-Ing. Hans Leussing: «Bitte geben Sie uns die Möglichkeit, die Entwicklungen, die wir hier begonnen haben, ohne Unterbrechung fortzusetzen. Ein kleiner Schritt könnte bereits eine Verlängerung der . . . Trasse zur Erreichung höherer Geschwindigkeiten sein . . .» Diese zurückhaltende Formulierung darf allerdings nicht darüber hinwegtäuschen, daß alle Beteiligten eher den großen Schritt für geboten hielten, der zu einer «nationalen» Versuchsanlage ganz anderer Dimensionen führen sollte. Nur das Wissen um die lange Dauer behördlicher Entscheidungsprozesse ließ die bescheidene Lösung zunächst besser als keine erscheinen.

Um so sensationeller wurde empfunden, was schon zwei Wochen später Bundesverkehrsminister Georg Leber bekannt gab, als er zusammen mit seinem Kollegen John Allan Volpe aus den USA auf der Anlage von Kraus-Maffei zu Gast war. Die Bundesregierung werde die ins Auge gefaßte große Versuchsanlage für unkonventionelle Verkehrssysteme der Zukunft unverzüglich in Angriff nehmen und im Donauried zwischen Dillingen und Wertingen errichten. Da eine vergleichbare Anlage sonst noch nirgends in Europa bestehe, wolle sie die Bundesregierung als europäische Teststrecke einrichten und auch anderen Ländern zur Verfügung stellen.

Die in Aussicht gestellte Anlage sollte schon Anfang 1973 betriebsbereit sein. Zwischen 1974 und 1976 sollten dann Fahrzeuge in Originalgröße getestet werden. Auf diese verheißungsvolle Ankündigung allein mochte die Industrie ihr weiteres Vorgehen jedoch schon damals nicht gründen. So entschloß sich Krauss-Maffei, auf die ursprünglich geplante Verlängerung der ersten ebenerdigen Teststrecke zu verzichten und stattdessen etwa an gleicher Stelle eine völlig neue, auf Stützen «aufgeständerte» Ver-

39 Komponentenmeßträger «Komet» (rechts), dahinter der mit Heißwasserraketen bestückte Schubschlitten «Daniel» als Antrieb. Nach genügender Beschleunigung stoppte «Daniel», während der «Komet» allein durch die eigentliche Meßstrecke schwebte.

40 Trasse der Magnetbahn-Versuchsanlage am Militärflugplatz Manching bei Ingolstadt. Hier wurde der Komponentenmeßträger «Komet» zur Weiterentwicklung der Magnetsysteme eingesetzt.

suchstraße zu errichten. Auch Messerschmitt-Bölkow-Blohm suchte nach einem Standort für eine längere und damit schnellere Erprobungsstrecke.

Startplatzsuche für «Komet»

Der Gedanke, die Anlage in Ottobrunn trotz ihrer ungünstigen Lage noch um 300 auf 900 Meter zu verlängern und die zunächst nur für 90 km/h ausgelegte Versuchsstrecke zu einer «Linearen Hochgeschwindigkeits-Meßplattform» zu erweitern, hatte sich nicht verwirklichen lassen.

Messerschmitt-Bölkow-Blohm leitete daraufhin in aller Stille die ersten Schritte zur «Errichtung eines Hochgeschwindigkeits-Prüfstands für eine Magnetkissen-Schnellbahn» im Grasbrunner Geräumt ein. Die Strecke sollte 2,2 km lang sein und in dem «Geräumt», einer Waldschneise im Süden Münchens, parallel zu einer Forststraße und einer Hochspannungsleitung verlaufen. Sie sollte auf Betonstützen sechs Meter über dem Boden errichtet und nach Fertigstellung der großen Anlage im Donauried wieder abgebaut werden. Die Eröffnung des vorgeschriebenen Raumordnungsverfahrens brachte den Plan an die Öffentlichkeit. Einsprüche insbesondere der benachbarten Gemeinden Grasbrunn, Putzbrunn, Hohenbrunn und Siegertsbrunn blieben nicht aus, an eine kurzfristige Verwirklichung des Vorhabens war nicht zu denken. Deshalb wurde auch auf das anschließende Planfeststellungsverfahren verzichtet, obwohl das Raumordnungsverfahren im Sommer 1973 positiv ausging.

Inzwischen hatte sich das Entwicklungsteam nach anderen Möglichkeiten umgesehen. Favorisiert wurde das Gelände eines Zweigwerks von Messerschmitt-Bölkow-Blohm in Lampoldshausen bei Heilbronn. Dort begannen die Bauvorbereitungen im Mai 1973. Bereits Ende des Jahres sollten die Versuche anlaufen. Doch auch dieser Standort mußte wieder aufgegeben werden. Schließlich ergab sich die Möglichkeit, ein Übungsgelände der Bundeswehr drei Kilometer südlich des Flugplatzes Manching bei Ingolstadt mitzubenützen. Da mit der Bundeswehr und den Nachbargemeinden von vornherein Einvernehmen bestand, bedurfte es hier keines neuen

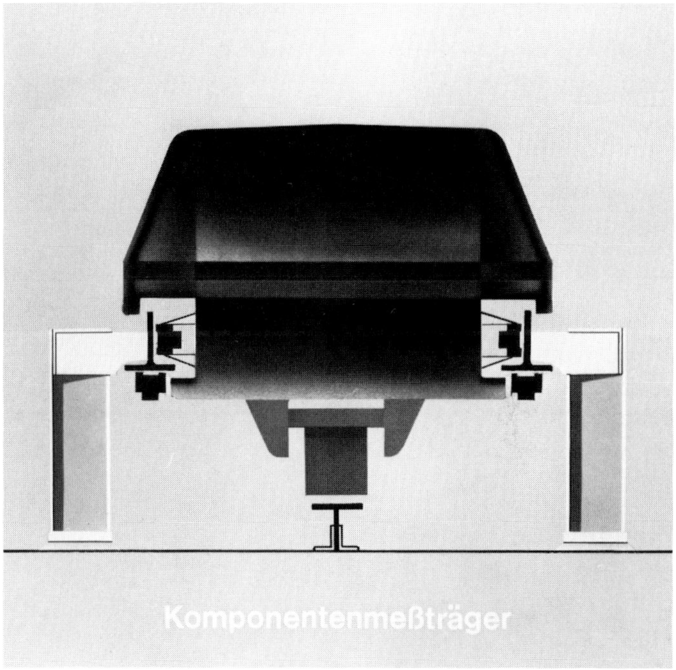

41 Schnittbild des Komponentenmeßträgers «Komet».

Raumordnungsverfahrens. Die Bauarbeiten für die 1300 Meter lange Anlage mit aufgeständerten Stahlschienen begannen im Herbst 1973, die Schwebeversuche ein Jahr später. Mit einem Besuch des neuen Bundesforschungsministers Hans Matthöfer am 4. Oktober 1974 wurde die offizielle Eröffnung der Anlage verbunden.

Das ursprüngliche Konzept einer Hochgeschwindigkeits-Meßplattform war entsprechend dem fortgeschrittenen Entwicklungsstand modifiziert worden. Für die Versuche in Manching entstand ein «Komponentenmeßträger», abgekürzt und symbolhaft «Komet» genannt. Das unbemannte Fahrzeug wog 8,5 Tonnen und wurde elektromagnetisch getragen und geführt. Um auf der wiederum relativ kurzen Strecke doch 400 km/h erreichen zu können, mußte für den Antrieb auf einen Schubschlitten mit Kufen zurückgegriffen werden, den – wie zuvor in Ottobrunn – Heißwasserraketen beschleunigten. Bis zu sechs Triebwerke konnten auf dem Schubschlitten namens «Daniel» montiert werden.

Von der Versuchsstrecke standen 300 Meter

transrapid

MBB

42 Einzige Berührung auch des «Transrapid 02» mit der Fahrbahn: die seitlich angebrachten Stromabnehmer gleiten auf Stromschienen entlang.

43 «Komet» auf der Versuchsanlage bei Manching, beschleunigt von den Heißwasserraketen des Schubschlittens «Daniel», der sich vor der eigentlichen Meßstrecke abkoppelte.

44 «Transrapid 04» auf der zweiten, aufgeständerten Versuchsanlage bei Krauss-Maffei in München-Allach; am 21. November 1977 erreichte dieses Magnetschwebefahrzeug hier 253,2 km/h.

zum Beschleunigen, weitere 300 Meter als eigentliche Meßstrecke und 700 Meter als Bremsweg unter Berücksichtigung eines angemessenen Sicherheitsabstands zur Verfügung. Nach dem Beschleunigen wurde der Schubschlitten vom «Komet» getrennt und abgebremst, während der Meßträger allein in den Meßstreckenabschnitt einfuhr. Von Friktionsbremsen, die an den Trag- und Führschienen angriffen, wurde er schließlich zum Stehen gebracht.

Das elektromagnetische Trag- und Führsystem des «Komet» arbeitete mit bordeigenen Batterien. Auch hier waren wiederum getrennte Trag- und Führmagnete vorgesehen; für Störungsfälle war zum Schutz des Meßfahrzeugs ein Not-Trag- und Führsystem vorhanden.

Zur automatischen Fahrzeugsteuerung war der Meßträger mit einer Bordlogik ausgerüstet. In der Meßstrecke wurden die Spaltstellgrößen von einer in der Mitte des Fahrwegs angeordneten Meßschiene auf das antriebslos schwebende Fahrzeug übertragen. Damit war eine störungsfreie Vermessung der Komponenten an der Fahrzeugunterseite gewährleistet. Vom Fahrzeug wurden die Meßwerte über eine Fernmeßanlage an die Steuerzentrale übermittelt.

In zwei Versuchsphasen, die sich bis 1976 hinzogen, wurden zunächst die nötigen Daten zur Auslegung und Optimierung der Fahrzeugkomponenten wie der Magnete, des Linearmotors, der Stromabnehmer, der Bremsen und Notsysteme im hohen Geschwindigkeitsbereich gewonnen, und später die danach gebauten Komponenten getestet. Daraus ließen sich generelle Aussagen über das dynamische Verhalten, den Leistungsbedarf und alle wesentlichen Eigenschaften der Komponenten bei Geschwindigkeiten bis zu 400 km/h ableiten. Am 19. Februar 1976 erreichte der «Komet» mit 401,3 km/h seine größte Geschwindigkeit und damit einen neuen Weltrekord für Magnetschwebefahrzeuge.

Das «magnetische Rad»

An den ersten zur Magnetbahnerprobung benützten Fahrzeugen – dem «Prinzipfahrzeug» von Messerschmitt-Bölkow-Blohm, dem «Transrapid» 02 und 04 wie auch mit dem «Komet» in der ersten Versuchsphase – waren die Trag- und Führmagnete starr befestigt, wobei zunächst an den vier Ecken des Fahrzeugs nur je ein Magnetsystem vorgesehen war. Der «Komet» wurde bereits von je fünf Magneten an beiden Seiten getragen und geführt. Allen diesen Fahrzeugen war jedoch die starre Magnetbefestigung und außerdem eine zentrale Magnetregelung gemeinsam; nur ein Regelsystem hatte das berührungsfreie Schweben zu gewährleisten und Eigenschwingungen des Fahrzeugs auszugleichen.

Bei den Versuchen mit dem «Komet» zeigte sich, daß mit dieser Lösung keine endgültig befriedigende Resultate zu erzielen waren. Aus Gründen der

45 Dr. Ludwig Bölkow (rechts) und der damalige Vorstandsvorsitzende von Krauss-Maffei, Dr. Helmut Wolf, nachdem Messerschmitt-Bölkow-Blohm und Krauss-Maffei im April 1974 ihre Aktivitäten auf dem Gebiet der Magnetbahnentwicklung in der Arbeitsgemeinschaft «Transrapid-E.M.S.» zusammengeführt hatten.

Gewichtsbegrenzung, des Energiebedarfs und damit der Wirtschaftlichkeit, aber auch unter regeltechnischen Gesichtspunkten sind möglichst kleine Luftspalte bis maximal etwa zehn Millimeter zwischen Fahrbahn und Magneten wünschenswert. Die starre Magnetanordnung führte jedoch infolge der unvermeidlichen Toleranzen an der Fahrbahn wie am Fahrzeug in Verbindung mit dessen hoher Steifigkeit zu insgesamt ungünstigen Luftspaltverhältnissen. Die starre Magnetbefestigung am Fahrzeug bedeutete auch, daß die Regelung verhältnismäßig große Massen beschleunigen mußte. Schließlich war die aus Sicherheitsgründen nötige Doppel- oder Mehrfachausrüstung mit Systemen, deren Ausfall den Betrieb beeinträchtigen oder gefährden könnte, nur durch Verdoppelung oder Vervielfachung der Gesamtsysteme erreichbar.

Diese Erkenntnisse führten zu dem neuen Konzept eines modularen Trag- und Führsystems mit zahlreichen Einzelmagneten und einer Einzelregelung für jeden von ihnen. Zur Erprobung dieser Technik wurde das Versuchsfahrzeug entsprechend umgerüstet und als «Komet M» bezeichnet.

Die Einzelmagnete – beim «Komet M» sechs auf jeder Fahrzeugseite, beim «Transrapid 06» insgesamt 120 – wurden federnd mit Magnetgestellen verbunden, die das Fahrzeug wiederum abgefedert trugen. Statt nur einer hydraulischen Regelung beim alten System wirkten somit beim neuen zwei Federungsebenen – zwischen Magneten und Schwebegestellen sowie zwischen Schwebegestellen und Fahrzeug – zusammen. Damit war auch hoher Fahrkomfort zu erreichen.

Da jeder Einzelmagnet für sich geregelt wird, ist die «Redundanz», das mehrfache Vorhandensein der sicherheitsrelevanten Betriebssysteme, hier funktionell und mit kleinen Systemkomponenten verwirklicht. Die elastische Magnetaufhängung führt auch zu guter Anpassung an den Fahrweg und damit zu günstigen Luftspaltverhältnissen; umgekehrt brauchen so an die Genauigkeit des Fahrwegs keine extrem hohen Anforderungen gestellt zu werden.

Jeder der zahlreichen geregelten Magnete übernimmt eine Tragfunktion, gleichzeitig wirkt er als Erregermagnet für den Langstator-Linearmotor, sorgt also auch für den Vortrieb. In Analogie zur Mechanik ist für diese Anordnung der bildhafte Begriff «Magnetisches Rad» geprägt worden. Die bei der Eisenbahn vom Spurkranz bewirkte Führung im Gleis obliegt hier seitlichen Führmagneten, die nach dem gleichen Prinzip geregelt werden und ebenfalls in den Schwebegestellen eingebaut sind.

Die Konkurrenz spannt zusammen

Obwohl Messerschmitt-Bölkow-Blohm und Krauss-Maffei in den Anfangsjahren der Schnellbahnentwicklung weitgehend parallel arbeiteten, bestanden doch «Kontakte ohne Kontrakte», wie Ludwig Bölkow in einem Interview formulierte. Ein Ideenwettbewerb war erwünscht, ja notwendig, um den erfolgversprechendsten Weg auswählen zu können. Eine prinzipielle Abstimmung der deutschen Entwicklungen war auch geboten, um die von der Bundesregierung bereitgestellten Fördermittel sinnvoll einzusetzen.

Mehrfach bestanden auch größere Zusammenschlüsse von Unternehmen, die an der Entwicklung des Schnellbahnsystems – ob Rad-Schiene oder unkonventionell – direkt oder indirekt beteiligt waren. So entstand im Herbst 1970 unter Federführung von Brown, Boveri & Cie (BBC) in Mannheim der «Birlinghovener Kreis» mit AEG-Telefunken, BBC, Dornier System, Krauss-Maffei, Krupp, MaK, M.A.N., Messerschmitt-Bölkow-Blohm, Rheinstahl-Henschel und Siemens. Am 27. Mai 1971 wurde die Gesellschaft für bahntechnische Innovationen (GBI) ins Leben gerufen, der folgende Unternehmen angehörten: AEG-Telefunken, August-Thyssen-Hütte, BBC, Dyckerhoff & Widmann, Knorr Bremse, Krauss-Maffei, Krupp, Linde, M.A.N., Messerschmitt-Bölkow-Blohm, Polensky & Zöllner, Siemens, Standard Elektrik Lorenz (SEL) und Strabag Bau-AG.

Im April 1974 vereinbarten Messerschmitt-Bölkow-Blohm und Krauss-Maffei eine nunmehr gemeinsame Fortsetzung ihrer Entwicklungen für das Schnellbahnsystem. Sie gründeten dafür die Arbeitsgemeinschaft Transrapid-E.M.S. Beide Unternehmen waren auf getrennten Wegen zu sehr ähnlichen Ergebnissen gekommen und hatten sich übereinstimmend für die elektromagnetische Schwebetechnik (E.M.S.) mit Linearmotorantrieb als die aussichtsreichste Variante eines unkonventionellen Schnellbahnsystems entschieden.

In Allach entstand zu diesem Zeitpunkt die aufgeständerte, 2400 Meter lange Teststrecke von Krauss-Maffei, in Manching war der «Komet» auf der 1300 Meter langen Anlage von Messerschmitt-Bölkow-Blohm einsatzbereit. Die Versuchsergebnisse beider Anlagen und der dafür gebauten Fahrzeuge sollten nun in die Entwicklung eines anwendungsnahen Versuchsfahrzeugs für die große Anlage im Donauried einfließen.

Ein neuer «Transrapid»

Für die längste werkeigene Magnetbahn-Versuchsstrecke Deutschlands in Allach entstand bei Krauss-Maffei ein neues Fahrzeug, der «Transrapid 04» mit 18,5 Tonnen Gewicht und Platz für Passagiere. Am 14. Mai 1975 wurden Anlage und Fahrzeug der Öffentlichkeit vorgestellt.

In weniger als einem Jahr, bis 7. April 1976, legte der «Transrapid 04» auf 710 Fahrten insgesamt 1137 Kilometer zurück. Schon im Oktober 1975 hatte er über 205 km/h erreicht und war damit größtes und schnellstes Personen-Magnetschwebefahrzeug mit Linearmotorantrieb.

Die Versuche konzentrierten sich auf aerodynamische Messungen, die Ermittlung des Geräuschspektrums von Fahrzeug und Einzelkomponenten bei verschiedenen Geschwindigkeiten und unterschiedlicher Entfernung, auf Untersuchungen von ausgewählten Trag- und Führmagneten und wiederum auf das Stromabnehmersystem.

Im folgenden Jahr wurde die Geschwindigkeit noch weiter gesteigert. Dabei stellte der «Transrapid 04» am 21. November 1977 mit 253,2 km/h auch in seiner «Klasse» einen neuen Rekord auf.

Die Probleme sollen «auf der Strecke bleiben»

Bei den Untersuchungen an den Prinzip- und Versuchsfahrzeugen konzentrierten sich die noch nicht befriedigend gelösten Probleme immer deutlicher auf einige Schwerpunkte.

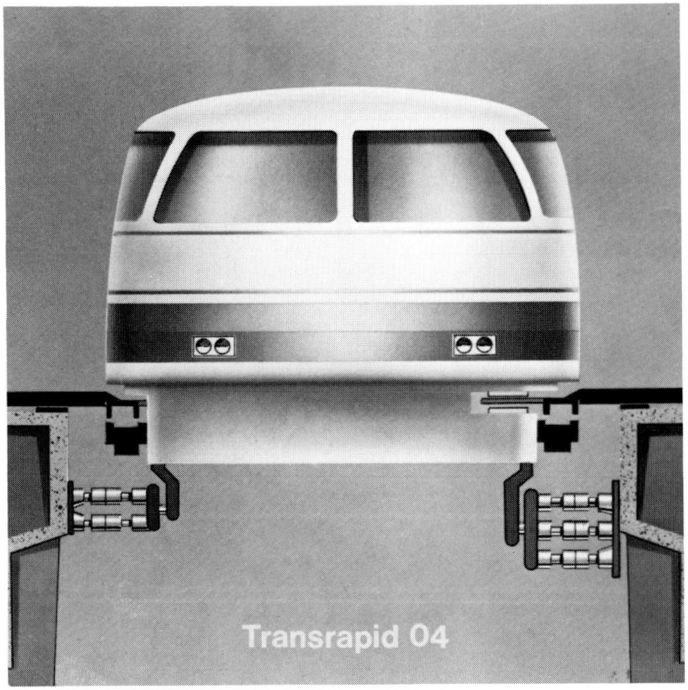

46 Schnittbild des «Transrapid 04».

Einen davon bildete der Antrieb. Daß dafür nur die umweltfreundliche elektrische Energie infrage kam, stand schon in einem sehr frühen Entwicklungsstadium der Magnetbahn außer Zweifel. Doch alle untersuchten Kombinationen von berührungsfreien elektrischen Antrieben mit den magnetischen Trag- und Führsystemen, ließen sich nicht als endgültige Lösung betrachten.

Sämtliche Versuchsfahrzeuge hatten zunächst den aktiven Teil des Linearmotors an Bord. Das Gewicht der Motorwicklungen mit den Eisenpaketen und der Umrichter für die Antriebs- und Regeltechnik führte zu Fahrzeugen mit hohem Eigengewicht und verhältnismäßig hohem Leistungsbedarf. Nutzlast und Wirtschaftlichkeit wurden entsprechend eingeschränkt. Schließlich erfordert die Energieübertragung von der Trasse zum Fahrzeug Schleifkontakte und damit mechanische Berührung.

Schon seit 1974 suchte Thyssen-Henschel in enger Verbindung mit Professor Dr.-Ing. Herbert Weh von der Technischen Universität Braunschweig

47 Versuchsfahrzeug HMB 2 von Thyssen-Henschel auf der ersten Erprobungsstrecke für Langstator-Linearmotoren in Kassel.

diese Problematik im wörtlichen Sinn «auf der Strecke» zu lassen. Dabei konzentrierte sich das Augenmerk auf den Langstatorantrieb, der speziell für diesen Problemkreis elegante Lösungen versprach: Verlegung der Motorwicklungen und der gesamten Stromversorgung in den ortsfesten Teil der Bahn somit – abgesehen von der Bordversorgung – keine Energieübertragung, dafür leichte und technisch einfachere Fahrzeuge mit hohem Nutzlastanteil und – nicht zuletzt auch aufgrund der geringeren Verluste dieses Systems – eine günstigere Energiebilanz.

Gegen den Langstator sprach lediglich der verhältnismäßig hohe Aufwand für die Fahrwegausrüstung. Die entscheidende Frage war nun, ob sich diese Hypothek hinreichend würde abtragen lassen. Eine erfolgversprechende Möglichkeit dazu lag in rationellen Herstellungs- und Montageverfahren für die Dreiphasenwicklungen. Darauf konzentrierten sich auch alsbald die Untersuchungen der Langstatortechnik, für die Thyssen-Henschel auf dem Werkgelände in Kassel eine eigene Versuchsanlage errichtete.

Die hundert Meter lange Strecke wurde 1974 in Betrieb genommen und diente anfangs prinzipiellen Erprobungen und dem Funktionsnachweis der Langstatortechnik. Hier wurde erstmals in der Welt das klassische Antriebsprinzip spurgebundener Verkehrsmittel mit Motor und Energiezufuhr im Fahrzeug umgekehrt, der stromdurchflossene Motorteil in die Fahrbahn verlegt. Zu den ersten Experimenten diente ein rund 2,5 Tonnen schweres Schwebegestell, mit dem sich auch bereits das Zusammenwirken der Antriebs- mit der Tragfunktion studieren ließ. Später entstand aus dem Schwebegestell das Versuchsfahrzeug HMB 2.

Wie sich zeigte, ermöglicht die Langstatortechnik in günstiger Weise eine Zusammenfassung von magnetischem Tragen und elektromagnetischem Vortrieb im selben Magnetsystem mit nur einer aktiven Schiene. Die beiden Kraftkomponenten für die Abstützung und für die Fortbewegung bleiben dabei unabhängig voneinander regelbar, obwohl sie auf ein gemeinsames Magnetfeld zurückzuführen sind. Dieses Feld übernimmt also in einer gewissen Analogie zu Rad und Schiene ebenfalls eine kombinierte Auf-

48 Die auf dem Werkgelände von Thyssen-Henschel wieder aufgebaute Magnetbahn der Internationalen Verkehrs-Ausstellung (IVA '79) in Hamburg löste später unter dem Kasseler Wahrzeichen Wilhelmshöhe (oben im Hintergrund) die erste Erprobungsstrecke für Langstator-Linearmotoren ab.

gabe. Die Funktionsintegration führt auch zu vereinfachter Fahrweg- und Fahrzeugausrüstung.

Als am zweckmäßigsten erschien ein synchroner Langstatormotor mit Eisen. Die mit Dreiphasen-Wechselstrom – kurz «Drehstrom» – gespeisten drei Statorwicklungen in der Trasse lassen eine vorwärts gerichtete «Stromwelle» entstehen, deren Geschwindigkeit von der Frequenz des Drehstroms abhängt. Damit das Fahrzeug «synchron», das heißt mit gleicher Geschwindigkeit folgen kann, muß die Frequenz von Null stufenlos bis zum Höchstwert entsprechend der Höchstgeschwindigkeit geregelt werden können. Hierfür stellt die Starkstrom-Elektronik heute statische Wechselrichter hoher Leistung zur Verfügung.

Die Größe der Vortriebskraft wird von der Stromstärke bestimmt in Verbindung mit dem Feld des Tragmagneten, das auch das Erregerfeld für den Langstatormotor bildet. Das Eisen der Blechpakete über den Statorwicklungen erfüllt die zusätzliche Aufgabe als Reaktionsteil und Eisenrückschluß für die Tragmagnete des Fahrzeugs. Gegenstand der Entwicklung waren hier auch geregelte Dauermagnete, die einen wesentlichen Teil der nötigen Tragkraft leistungslos zur Verfügung stellen und in Verbindung mit einer Regelspule schnellere Änderungen der Magnetkraft, insgesamt also günstigere Regelungseigenschaften bieten.

Die am 20. Dezember 1974 in Betrieb genommene Teststrecke in Kassel wurde 1981 wieder abgebaut, nachdem stattdessen ein Teil der 1979 auf der Internationalen Verkehrs-Ausstellung (IVA) in Hamburg errichteten Demonstrationsanlage auf dem Werkgelände von Thyssen-Henschel in Kassel erneut aufgestellt worden war und damit zur weiteren Komponentenerprobung zur Verfügung stand.

Das Institut für elektrische Maschinen, Antriebe und Bahnen der Technischen Universität Braunschweig hatte 1975 in seiner großen Versuchshalle eine eigene Langstator-Versuchsanlage errichtet. Bei dem dort benützten Magnetschwebegestell ließen sich erstmals drei Kraftkomponenten unabhän-

49 Ein Einzelkämpfer für die Magnetbahn: Dr.-Ing. Paul Hochhäusler in Berlin mit einem Demonstrationsmodell seines Magnetschwebezuges «Dynoplan».

gig voneinander regeln, obwohl sie auf ein gemeinsames Magnetfeld zurückzuführen sind. Das magnetische Tragen und Führen wird dabei mit fünf Freiheitsgradreglern für Heben, Seitenbewegung, Rollen, Nicken und Gieren realisiert. Die wichtigsten aktiven Teile des Versuchsfahrzeugs einschließlich des quer zur Fahrtrichtung angeordneten Stators sind den Abmessungen einer Schnellbahn entsprechend dimensioniert und heute weitgehend einsatzreif.

Forscher ohne Fortüne

Weitgehend auf sich selbst gestellt entwickelte Dr.-Ing. Paul Hochhäusler in Berlin seit 1959 eine eigene Magnetbahn auf elektrodynamischer Basis mit einem kombinierten Trag-, Führ- und Antriebssystem.

Zahlreiche Kurzstator-Linearmotoren sollen dabei nach einem bestimmten System in die Fahrbahn verlegt werden und eine Ebene bilden, die sich sogar begrünen läßt. Durch geeignete Anordnung der Magnetspulen entstehen über der Fahrbahn Streufelder, in denen ein Fahrzeug aus nicht ferromagnetischem Material in stabiler Lage schwebt und magnetisch nicht nur getragen, sondern auch seitlich stabilisiert und vorwärts bewegt oder gebremst werden kann.

Bis ins hohe Alter hat Dr. Hochhäusler seine Pläne, die ähnlich auch von dem Engländer Laithwaite als «Magnetic river» verfochten wurden, mit leidenschaftlichem Engagement durchzusetzen versucht. Für seine zwölf Meter lange Versuchsanlage in Berlin baute er zwei Fahrzeuge, eines mit zwei offenen Sitzen und einem Gewicht von 320 kg aus Kupfer, das andere mit 210 kg aus Aluminium. Der kritische Punkt dieses Konzepts liegt im hohen Blindleistungsbedarf des Systems. Er erfordert große Kabelquerschnitte in der Trasse und führt so zu kostspieliger Fahrwegausrüstung.

Auch der Leistungsbedarf ist sehr hoch; auf der zwölf Meter langen Strecke sind mit insgesamt 54 sechspoligen Magnetsystemen 216 Kilowatt Wirk- und 3200 kVA Blindleistung installiert. Der schlechte Leistungsfaktor ist zwar durch Kondensatoren kompensiert, doch auch der Wirkungsgrad ist ungünstig. Außerdem wird der Fahrzeugboden durch die hohen Ströme induktiv stark erhitzt.

Da sich weder das Bundesforschungsministerium noch der Berliner Senat zur Förderung von Hochhäuslers patentiertem Konzept entschließen konnten, übergab er 1982 seine Modellanlage an Dr.-Ing. habil. Jacek Gieras in Bromberg (Bydgoszcz) in Polen. Inzwischen lebt der Professor in Kanada und lehrt an der Queen's University in Kingston, Ontario. Er verfolgt den Plan, eine 500 Kilometer lange Schnellbahn mit dieser Technologie in Kanada zu realisieren, weiter.

Erster Rundkurs in Erlangen

Anfang der siebziger Jahre hatte auch die deutsche Elektroindustrie ihr Interesse den unkonventionellen Verkehrstechniken zugewandt. Im Mai 1972 begann eine Projektgruppe aus Experten von AEG-Telefunken, BBC und Siemens mit Entwicklung und Erprobung des elektrodynamischen Schwebesystems mit supraleitenden Spulen. Auf einem rund 80000 Quadratmeter großen Gelände am südlichen Stadtrand von Erlangen entstand dafür als Versuchsanlage ein Rondell aus fast zehntausend Tonnen Beton mit 280 Meter Durchmesser und einem Umfang von etwa 900 Metern, zusammengefügt aus 288 U-förmigen

50 Der Rundkurs zur Erprobung der elektrodynamischen Schwebetechnik in Erlangen während der Bauzeit. An den Beton-Fertigteilen ist der Fahrbahnquerschnitt noch deutlich erkennbar.

51 Der etwa 900 Meter lange Erlanger Rundkurs nach Fertigstellung.

Fertigteilen mit je sechs Meter Länge und zwanzig Tonnen Gewicht, gestützt auf 144 Pfeiler und um 45 Grad nach innen geneigt zum Ausgleich der Fliehkräfte. Sie erreichten bei der Nenngeschwindigkeit der Anlage von 200 km/h mit dem bis zu 17 Tonnen schweren Versuchsfahrzeug etwa acht Tonnen. Dieser erste Rundkurs bot als entscheidenden Vorteil gegenüber allen bisherigen Teststrecken die Möglichkeit zu unbegrenzten Dauerversuchen.

Das von der M.A.N. in Nürnberg gebaute Versuchsfahrzeug traf am 26. Oktober 1973 auf der Anlage ein und erhielt die Bezeichnung EET 01, abgekürzt für Erlanger Erprobungs-Träger. Dieses Fahrzeug rollte zunächst – keineswegs völlig systemwidrig – auf sechzehn luftbereiften Rädern, die bei den späteren Schwebeversuchen als Start- und Landeeinrichtung zu dienen hatten. Genügend starke Kräfte zum magnetischen Schweben entstehen beim elektrodynamischen System erst, wenn sich das Fahrzeug genügend schnell bewegt. Der EET 01 hob bei etwa 50 km/h ab und schwebte dann eigenstabil, das heißt ohne Regeltechnik rund 100 Millimeter über der Fahrbahn. Seine größte Geschwindigkeit von 230 km/h erreichte der EET 01 mit Antrieb durch den Linearmotor am 6. Februar 1975 über 16 Runden auf dem Räderlaufwerk. Etwa ein Jahr später legte er bei Geschwindigkeiten zwischen 40 und 140 km/h etwa 17 Kilometer schwebend ebenfalls mit Linearmotorantrieb zurück. Die höchste erreichte Geschwindigkeit im Schwebebetrieb lag bei 175 km/h.

Zunächst wurde dafür ein Kurzstator-Linearmotor benützt. Das damit nötige Stromabnehmersystem bereitete zwar bei den auf der Anlage erreichbaren Geschwindigkeiten keine technischen Schwierigkeiten, blieb allerdings für die ins Auge gefaßte Schnellbahn ein offenes Problem. Es wurde auch hier später durch ein neues Antriebskonzept auf der Grundlage eines eisenlosen Langstator-Linearmotors umgangen. Mit dieser Antriebsvariante erhielt das umgerüstete, äußerlich jedoch unveränderte Fahrzeug 1977 die Bezeichnung EET 02.

Obwohl auch der Erlanger Erprobungsträger einige Sitzplätze enthielt, wurden die Versuchsfahrten weitgehend unbemannt durchgeführt. Die Steuerung oblag der Zentralwarte im Betriebsgebäude außerhalb des Rundkurses. Fernsehkameras verfolgten jede Testfahrt, das Geschehen auf der Anlage war damit in der Zentrale am Bildschirm zu verfolgen.

Nach Abschluß aller Versuche wurde der Erlanger Rundkurs – wie von Anfang an vorgesehen – wieder abgebrochen. Die Demontage begann Ende 1979 und war im Sommer 1980 abgeschlossen. Das Versuchsfahrzeug wurde verschrottet.

Die elektrodynamische Schnellbahn

Im Sommer 1977 hatte die Projektgruppe Magnetschwebebahn ihre Entwicklung so weit vorangebracht, daß sie sich einem Vergleich mit dem konkurrierenden elektromagnetischen System stellen konnte. Einen solchen Vergleich verlangte vor allem die restriktive Forschungsförderung. Um die noch verfügbaren Mittel gezielt und sinnvoll einzusetzen, sollte nur noch das erfolgversprechendere System mit öffentlichen Mitteln weiterentwickelt werden.

Das vorgelegte Konzept für ein Schnellbahnsystem mit elektrodynamischem Schweben stellte die Kompatibilität mit dem bestehenden Rad-Schiene-System als besonders nützlichen Gesichtspunkt in den Vordergrund. Nicht nur für den Betrieb der gesamten Schnellbahn, sondern schon für die schrittweise Inbetriebnahme fertiggestellter Teilabschnitte versprach die Nutzungsmöglichkeit vorhandener Bahnhöfe und Anschlußstrecken vielerlei Vorteile. Der Güterverkehr wurde sogar ausschließlich für Rad-Schiene-Technik geplant.

So entsprach die Umgrenzung der Schwebefahrzeuge dem Lichtraumprofil der europäischen Eisenbahnen. Der normalspurige Schienenweg mit 1,435 Meter Spurweite sollte lediglich durch die zum berührungslosen Tragen, Führen und Antreiben nötige Fahrwegausrüstung ergänzt werden. Aus Kostengründen wurden ebenerdige Trassen bevorzugt. Dabei waren Steigungen bis zu 35‰ zugrundegelegt. Die Reisezüge sollten oberhalb 120 km/h schwebend 400 bis 500, Güterzüge ausschließlich rollend 150 bis 200 km/h erreichen, alle jedoch mit

52 Erlanger Erprobungsträger EET 01 auf der kreisförmigen Teststrecke. Links die Stromabnehmer, in Fahrbahnmitte die Reaktionsschiene für den Kurzstator-Linearmotor.

53 Erlanger Rundkurs nach Umrüstung auf Langstator-Linearmotor mit den Wicklungen in der Trasse.

Linearmotorantrieb fahren. Die Zugkapazität war auf 450 Passagiere oder 1500 Nettotonnen ausgelegt. Vorgesehen waren für den Personenverkehr als kleinste betrieblich einsatzfähige Einheit zwei identische Sektionen mit strömungsgünstigem Kopf und je hundert, insgesamt also zweihundert Sitzplätzen. Durch Mittelsektionen mit je 125 Plätzen sollte sich das Fassungsvermögen bei Bedarf erweitern lassen. Für den Güterverkehr waren Antriebseinheiten und Containertragwagen mit Rad-Schiene-Laufwerken vorgesehen, wobei auch die Antriebseinheiten zur Beförderung von Nutzlast konzipiert waren. Ein Güterzug sollte aus maximal sechs Einheiten und 24 Wagen bestehen, womit bei 2384 Tonnen Gesamtgewicht 1524 Tonnen Nutzlast hätten befördert werden können.

Für das berührungsfreie Tragen und Führen sowie den Linearmotorantrieb waren im Boden jedes Personenfahrzeugs mehrere Erregermagnete mit supraleitenden Spulen, im Fahrweg die dreiphasige Statorwicklung des eisenlosen synchronen Linearmotors sowie kurzgeschlossene Führungswicklungen vorgesehen. In Wechselwirkung mit den Erregermagneten im Fahrzeug treten bei seitlicher Auslenkung des Fahrzeugs Rückstellkräfte für die Seitenführung auf. Die Hubkraft bei Bewegung der Erregermagnete über der Statorwicklung im Fahrweg wächst mit zunehmender Geschwindigkeit quadratisch und erreicht bei 120 km/h einen Sättigungswert. Das Fahrzeuggewicht ist so bemessen, daß die Hubkraft zum Abheben ausreicht. Ohne besondere Regelung stellt sich danach eine gleichbleibende Schwebehöhe von etwa zehn Zentimetern ein.

Die Antriebsenergie wird mit variabler Spannung und Frequenz in die Statorwicklung eingespeist. Das daraus resultierende elektrische Wanderfeld bewegt sich mit frequenzabhängiger Geschwindigkeit vorwärts, das Fahrzeug folgt synchron in Wechselwirkung mit den Erregermagneten. Jedem Zug muß dementsprechend ein ortsfester, aus dem Versorgungsnetz gespeister Umrichter zugeordnet sein. Die elektrische Streckenausrüstung hängt deshalb vom Verkehrsaufkommen ab; starker Verkehr mit dichter Zugfolge bedingt kurze Speiseabschnitte und eine entsprechend große Zahl von Umrichtern. Das gilt gleichermaßen für andere Langstator-Linearmotoren, so auch für die Transrapid-Version 06 auf der Versuchsanlage im Emsland.

Für den Betrieb der supraleitenden Spulen in den Erregermagneten des Fahrzeugs waren ständig und in geschlossenem Kreislauf arbeitende Helium-Kälteanlagen mit 450 Watt Leistung vorgesehen. Ihre Kälteleistung zur ständigen Kompensation des äußeren Wärmeeinflusses auf die Spulen betrug etwa 450 Watt. Zur Verflüssigung des Heliums in den ortsfesten Anlagen war freilich etwa die zehnfache Leistung nötig. Etwa einstündiger Betrieb des Fahrzeugs sollte ohne Kälteanlage durch eine entsprechende Bordreserve an flüssigem Helium gewährleistet sein.

Die Kräfte für eine aktive Primärdämpfung, wie sie wegen der geringen Eigendämpfung der elektrodynamischen Trag- und Führeinrichtungen erforderlich ist, hatten normalleitende Spulen unter den supraleitenden Magneten aufzubringen.

Beim Wechsel zwischen Fahren und Schweben müssen Tragmagnete und Radsätze in gegenläufiger Bewegung abgesenkt beziehungsweise hochgefahren und verriegelt werden. Absenken der Magnete bei der nötigen Geschwindigkeit leitet in den Schwebebetrieb über. Zum Einspuren bei Rückkehr in den Rad-Schiene-Betrieb sowie für Notbremsen, Nottragen und Notführen bei Ausfall der entsprechenden Betriebssysteme war zwischen den Radsätzen ein besonderes Integriertes Kufensystem vorgesehen. Die Bordenergie sollte zur Vermeidung kontaktgebundener Stromübertragung mit einem Gasturbinen-Generator-Aggregat erzeugt werden.

Auch überschlägige Kosten waren errechnet. Sie sollten (Stand 1977) für die 886 Kilometer lange C-förmige Strecke zwischen Hamburg und München über Rhein-Ruhr und Rhein-Neckar zweigleisig mit etwa 110 Kilometer Anschlußverbindungen, mit je sieben Personen- und Güterbahnhöfen sowie zwölf Überholstellen 11 Milliarden Mark kosten; dazu waren für die Unterwerke zur Stromversorgung 3,742 Milliarden und für Fahrzeuge 2,118 Milliarden Mark errechnet worden. Dieses System sollte jährlich in jeder Richtung 4,4 Milliarden Personen- und 14,1 Milliarden Nettotonnen-Kilometer leisten können.

Systemvergleich

Der 8. Dezember 1977 markiert in der Entwicklungsgeschichte der Magnetschwebetechnik in Deutschland ein buchstäblich «entscheidendes» Datum: an diesem Tag veröffentlichte das Bundesministerium für Forschung und Technologie nach dem Systemvergleich seine lange und von allen Betroffenen mit Spannung erwartete Entscheidung. Sie traf nicht nur eine Aussage darüber, welches der konkurrierenden Systeme nach eingehenden Analysen von neutraler Seite als das erfolgversprechendste betrachtet wurde, sie konzentrierte vor allem die künftige staatliche Förderung auf diese eine Entwicklungslinie.

Begonnen hatte diese Förderung Anfang der siebziger Jahre auf verhältnismäßig breiter Basis, wobei neben der Rad-Schiene-Technik auch vier neue Technologien einbezogen wurden: das Luftkissensystem, das Schweben mit ungeregelten Dauer- oder Permanentmagneten (pms), mit geregelten Elektromagneten (ems) und das elektrodynamische Schweben mit supraleitenden Spulen (eds). Schon die theoretischen Untersuchungen, die Laborversuche und die Fahrten auf den Teststrecken lieferten Erkenntnisse, die zwischendurch zum Ausscheiden der Luftkissentechnik und des permanentmagnetischen Schwebens aus der Forschungsförderung führten. So standen zum «Systemvergleich» des Jahres 1977 im wesentlichen noch das ems- und das eds-System im Wettbewerb, jeweils in Verbindung mit Linearmotor-Varianten als Antriebssystem.

Die Problematik lag vor allem darin, daß sich die großen Pläne für den Bau einer Versuchsanlage im Donauried noch immer nicht hatten verwirklichen lassen, daß die Erprobung damit auf die nur kurzen, werkeigenen Versuchsanlagen beschränkt bleiben mußte, daß damit kein Fahrzeug in anwendungsnaher Größe zur Beurteilung herangezogen werden konnte, und daß sich die Entscheidung für das eine oder andere System nur auf Erprobungsergebnisse der Einzelkomponenten, nicht eines ganzen Fahrzeugs stützen konnte.

Um zu vergleichbaren Ergebnissen zu kommen, hatten die beteiligten Entwicklungsgruppen – die Projektgruppe Magnetschwebebahn für das eds- und die Arbeitsgemeinschaft Transrapid E.M.S für das ems-System – anhand ihrer Entwicklungsergebnisse Versuchsfahrzeuge mit anwendungsnahen Abmessungen zu entwerfen und für ein Verkehrsmodell mit einem vorgegebenen Transport- und Leistungsrahmen die entsprechenden Projekte auszuarbeiten. Ergänzend führten namhafte Bau- und Stahlbau-Unternehmen spezielle Untersuchungen zum Fahrweg, alternativ in Beton oder Stahl, durch.

Das Verkehrsmodell sah Personen- und Güterverkehr auf gemeinsamem Fahrweg, Personenfahrzeuge mit 200 und 400 Sitzplätzen, Güterfahrzeuge für 500 und 1000 Tonnen Nutzlast mit einem zum Transport von Lastkraftwagen genügend großen Profil sowie Geschwindigkeiten für den Personenverkehr von 300, 400 und 500 km/h, für den Güterverkehr bis 250 km/h vor. Als Streckenmodell war ferner eine 900 Kilometer lange Linie mit sieben Stationen bei Haltestellenabständen zwischen 70 und 220 Kilometern vorgegeben.

Zur Bewertung wurde in erster Linie das Verhältnis von Leistung zu Kosten neben einer Reihe weiterer Kriterien zugrundegelegt. Einen Kostenvergleich des ems-Systems mit Kurz- und Langstator-Linearmotor führte die Arbeitsgemeinschaft Transrapid

E.M.S selbst durch, zwischen ems- und eds-System die Hochleistungsschnellbahn-Studiengesellschaft als neutraler Partner mit Unterstützung der Bundesbahn.

Zur endgültigen Bewertung mußten die Modellvorgaben unterschiedlich gewichtet werden. Die dazu nötigen Einschränkungen entsprachen einer kritischen, an den europäischen Realitäten orientierten Prognose der künftigen Anforderungen des Verkehrsmarkts. So wurden die Systemeigenschaften bei 500 km/h Höchstgeschwindigkeit weniger stark gewertet als bei 400 km/h, erhielt dagegen die Eignung auch im Bereich von 300 km/h – etwa als Flughafenzubringer – größeres Gewicht, blieb hohe Leistungsfähigkeit für Gütertransporte überhaupt außer Betracht.

Ein vom Bundesministerium für Forschung und Technologie eingesetzter Gutachterausschuß kam schließlich zu folgender Empfehlung: «Bei der weiteren Entwicklung der Magnetschwebebahn, ihrer anwendungsnahen Dauererprobung und für den Einsatz in ersten Anwendungsfällen sollten vorzugsweise das elektromagnetische Trag- und Führprinzip gefördert werden». Dieser Empfehlung schloß sich das Ministerium im Dezember 1977 an. Keine Festlegung wurde für den Antrieb getroffen. Der Gutachterausschuß hatte empfohlen, künftige Untersuchungen auf die drei Linearmotor-Varianten Kurzstator, Langstator mit Eisen und Langstator ohne Eisen zu konzentrieren.

Nachdem die Entscheidung für das ems-System gefallen war, rückte das noch immer offene Problem der großen Versuchsanlage wieder in den Brennpunkt.

Vom Donauried ins Emsland

Als der Bundesverkehrsminister am 26. Oktober 1971 seinen Plan verkündete, eine europäische Versuchsanlage für Verkehrstechnik im Donauried zu schaffen, konnten selbst Skeptiker kaum kommen sehen, daß dieses mit Elan in die Welt gesetzte Projekt im Lauf der Zeit von hartnäckigem Widerstand der Bevölkerung, zunehmendem Sparzwang des Bundes und behördlichem Schwergang restlos begraben würde.

Am 23. Dezember beauftragte der Bundesverkehrsminister die Bundesbahn mit Planung und Baudurchführung der Versuchsanlage. Schon am 29. November war der Entwurf einer «Vereinbarung zwischen der Bundesrepublik Deutschland (Bund), vertreten durch den Bundesminister für Verkehr, und der Deutschen Bundesbahn (DB), vertreten durch den Vorstand . . .» ausgearbeitet worden. In Paragraph 1 hieß es: «Der Bund errichtet . . . ab 1972 im Donauried zwischen Gundremmingen und Mertingen eine Versuchsanlage für Verkehrstechniken (Hochleistungsschnellbahn). Die Anlage dient der Erprobung neuer Techniken für den spurgeführten Hochleistungsschnellverkehr sowie der Erforschung der Grenzen der Rad-Schiene-Technik . . .» Die Entscheidung zur Einrichtung des vorgesehenen Baustabs dauerte schon bis 30. Juni 1972.

Im folgenden Frühjahr begann sich der zunächst nur vereinzelt spürbare Widerstand der Bevölkerung zu formieren. Die Bauern verkündeten, keinen Quadratmeter Boden zu verkaufen und ihr Land gegen die Pläne der Bahn notfalls mit der Mistgabel zu verteidigen. Die Bundesregierung legte daraufhin im Herbst 1973 den Entwurf für ein Gesetz «über den Bau und den Betrieb von Versuchsanlagen zur Erprobung von Techniken für den spurgebundenen Verkehr» vor, das für die Planung – und notfalls die Enteignung von Grundstücken – einwandfreie Rechtsgrundlagen schaffen sollte. Doch die Bauern ließen sich von ihrer Haltung weder davon noch durch die Ergebnisse eines von Dorsch-Consult im Auftrag der Bahn, des Bundes und der Regierung von Schwaben ausgearbeiteten Gutachtens abbringen, das nur minimale oder durch Schutzmaßnahmen vermeidbare Beeinträchtigungen voraussagte.

«Entwarnung» signalisierten dagegen im Herbst 1974 die Beratungen des Bundeshaushalts in Bonn: nicht nur die Etatansätze für das kommende Jahr, auch längerfristige Verpflichtungsermächtigungen fielen dem Rotstift zum Opfer.

Doch schon im Frühjahr 1975 lag das Projekt erneut auf dem Tisch, von 75 Kilometer Streckenlänge reduziert auf nur noch 57 Kilometer. Sensible

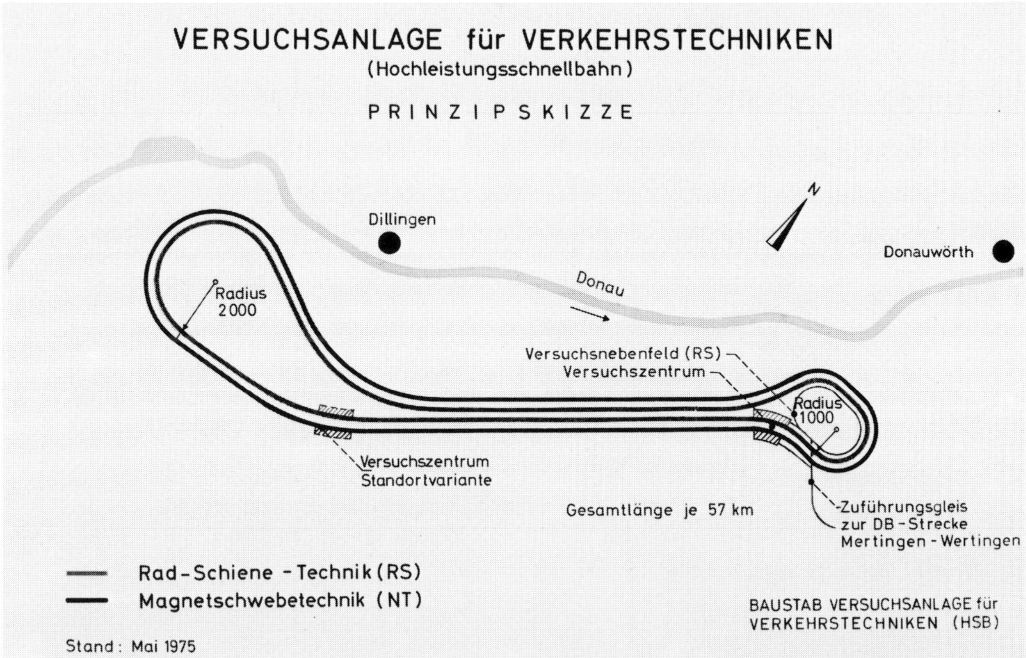

54 Plan der von ursprünglich 75 auf 57 Kilometer verkürzten Versuchsanlage im Donauried für Magnet- und Rad-Schiene-Technik. Auch diese Planung scheiterte am Widerstand der Bevölkerung.

Landschaftsbereiche sollten nun verschont, die Anlagen bescheidener gehalten, die gewichtigsten Einwände von der neuen Planung berücksichtigt werden und möglichst kleine Anlagen den Zweck dennoch erfüllen. Wie die ursprüngliche Planung sah auch die neue eine West- und eine Ostschleife vor, verbunden durch ein gerades Mittelstück; von den zwei parallelen Spuren war eine für Rad-Schiene-, die andere für Magnetschwebetechnik vorgesehen; die Kurvenradien wurden in der Westschleife von 2500 auf 2000 Meter, in der Ostschleife von 3000 auf 1000 Meter reduziert; auf Überführungsbauwerke der einzelnen Trassen sollte überhaupt verzichtet werden, ebenso auf die in der Westschleife vorgesehenen Nebenversuchsfelder.

Der erhoffte «Frieden» mit den Bauern im Donauried trat jedoch auch daraufhin nicht ein. Der Landkreis Dillingen, der die ursprüngliche Planung «nur» mit 26 gegen 22 Stimmen abgelehnt hatte, sagte jetzt sogar mit 30 gegen 17 Stimmen «Nein!». Am 3. März 1975 besichtigte eine Delegation des Bundestags-Verkehrsausschusses die Versuchsanlage von Pueblo im amerikanischen Bundesstaat Colorado, nachdem die Durchführung der deutschen Versuche in dem dort entstehenden Testzentrum gefordert worden war. Das Verlangen erwies sich also ebenso unrealistisch wie der vom Bund Naturschutz zuvor gemachte Vorschlag, die Anlage in Nordafrika zu errichten, wo in der Wüste Sahara noch genügend Platz sei.

Trotz der aufgestachelten Emotionen in der schwäbischen Region verabschiedete der Bundestag das als «Lex Donauried» apostrophierte Versuchsanlagengesetz am 27. November 1975 in zweiter und dritter Lesung; am 30. Januar 1976 trat es in Kraft. Das Raumordnungsverfahren wurde daraufhin am 30. April 1976 durch die Regierung von Schwaben positiv abgeschlossen. Nun, da die rechtlichen Grundlagen auch für das folgende Planfeststellungsverfahren geschaffen waren, kamen den Gegnern abermals bürokratische Hemmnisse zu Hilfe: der Bund hatte nicht mehr rechtzeitig Mittel für die hohen Investitionen in den Haushalt eingestellt und mußte das Vorhaben deshalb erneut auf Eis legen. Eine wesentliche Rolle spielte dabei, daß die Zuständigkeit für den Bau der Versuchsanlage nach einem Ministergespräch am 6. März 1975 vom Verkehrs- auf das Forschungsressort übergegangen war.

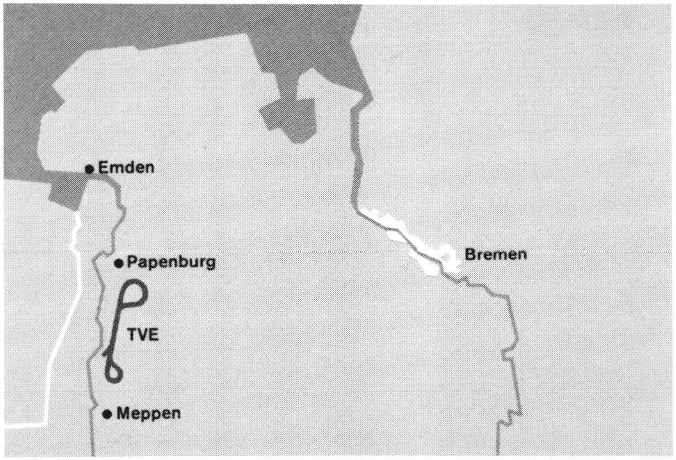

55 Um eine größere Versuchsanlage in möglichst kurzer Zeit realisieren zu können, wurde sie ins Emsland zwischen Papenburg und Meppen verlegt.

56 Modell einer Station und des Fahrzeugs der Magnetbahn-Demonstrationsanlage für die Internationale Verkehrs-Ausstellung (IVA '79) in Hamburg.

Gleichzeitig wuchs allerdings auch die Einsicht, daß die Durchsetzung von Planung und Bau gegen den inzwischen massiv organisierten Widerstand zu viel wertvolle Zeit kosten würde. So begann erneut die Suche nach alternativen Standorten. Während die Bayerische Staatsregierung die Anlage in Manching für den Ausbau zum Rundkurs empfahl, wandte sich das Interesse des Bundes einem weit entfernten Gebiet zu: dem Emsland. Niedersachsen, Heimat Hermann Kempers, hatte schon 1974 deutliches Interesse an der Versuchsanlage bekundet; die überwiegend in München ansässige Industrie favorisierte jedoch einen Standort in der Nähe. Nun, da der Systementscheid getroffen war und die Zeit drängte, mußten freilich neue Prioritäten gesetzt werden.

Am 10. April 1978 gab der damalige Bundesforschungs- und spätere Verkehrsminister Dr. Volker Hauff die Entscheidung der Bundesregierung bekannt, den Bau der gemeinsamen Versuchsanlage im Donauried auf unbestimmte Zeit zu verschieben

und stattdessen im Emsland zwei getrennte Anlagen zu errichten: für Rad-Schiene-Technik unter Benützung des 23 Kilometer langen Abschnitts Rheine – Freren auf der kaum noch frequentierten Güterzugstrecke Oberhausen – Rheine – Wilhelmshaven, und für die neue Technik etwa siebzig Kilometer weiter nördlich entlang dem unvollendeten Emsseitenkanal zwischen Lathen und Dörpen im Kreis Papenburg, wo sich bundeseigenes Gelände dafür anbot.

Schon im Sommer 1977 hatte die Bundesregierung für eine weitere Überraschung gesorgt: zu der für 1979 geplanten Internationalen Verkehrs-Ausstellung in Hamburg sollte zwischen den Messehallen und dem Freigelände eine rund 900 Meter lange Demonstrationsanlage entstehen und dafür ein neues Magnetschwebefahrzeug gebaut werden.

Zwischen Karolinenviertel und Heiligengeistfeld

Für Sommer 1979 plante die Freie und Hansestadt Hamburg erstmals eine Verkehrsausstellung. Der Standort begeisterte keineswegs alle Beteiligten, denn die Ausstellungshallen auf dem Messegelände im Karolinenviertel liegen beinahe einen Kilometer vom Heiligengeistfeld entfernt, das als Freigelände für die großen Originalexponate dienen sollte. Regelmäßig findet dort der «Dom» statt, Hamburgs großes Volksfest. Doch einen Gleisanschluß gibt es nicht, so daß Lokomotiven und Eisenbahnwagen mit speziellen Straßenrollern herangebracht werden mußten. Immerhin lag nahe, die beiden Ausstellungsteile mit einem attraktiven Verkehrsmittel zu verbinden.

So erhielt die Arbeitsgemeinschaft Transrapid E.M.S. im Frühjahr 1977 vom Bundesministerium für Forschung und Technologie den Auftrag, zur IVA '79 in Hamburg eine Demonstrationsanlage für das elektromagnetische Schnellverkehrssystem zu errichten. Das zugehörige Fahrzeug, Transrapid 05, sollte aus zwei Sektionen bestehen, insgesamt 26 Meter lang sein und siebzig Fahrgästen Platz bieten. Das Vorhaben wurde aus dem Zukunftsinvestitionsprogramm der Bundesregierung gefördert. Erstmals sollte der in der Bundesrepublik erreichte Entwicklungsstand bei der umweltfreundlichen Magnetschwebetechnik einer breiten Öffentlichkeit vorgeführt werden.

Von dieser Umweltfreundlichkeit nicht überzeugt waren allerdings auch hier einige Anlieger. So erwirkte eine Bürgerinitiative per Gerichtsbeschluß einen Baustop, und hätte das Oberverwaltungsgericht am 28. Juli 1978 den Beschluß der ersten Instanz nicht aufgehoben und damit rasch doch noch «grünes Licht» für das Wahrzeichen der IVA '79 signalisiert, wäre die Ausstellung ohne die Magnetbahn abgelaufen. Bis zum Ausstellungsbeginn konnten Gericht und Anlieger immerhin von der Umweltfreundlichkeit so überzeugt werden, daß die Klagen zurückgenommen und die einschränkenden Auflagen für den Betrieb aufgehoben wurden.

Am 17. Mai 1979 kam die Presse zur «ersten Schwebekonferenz der Welt». Zu diesem Zeitpunkt war die Anlage voll betriebsfähig – angesichts der äußerst kurzen Planungs- und Bauzeit sowie der

57 Station «Messe» während der Internationalen Verkehrsausstellung (IVA '79) in Hamburg.

58 «Transrapid 05» auf der Hamburger IVA-Strecke im Sommer 1979.

gerichtlich verfügten Zwangspause eine bemerkenswerte Leistung. Während der Ausstellung vom 8. Juni bis 31. Juli 1979 beförderte der Transrapid 05 auf rund siebenhundert Fahrten nahezu 50000 Besucher. Wer mit der ersten Magnetschwebebahn der Welt fahren wollte, mußte sich allerdings schon morgens nach einer Platzkarte anstellen, so groß war die Nachfrage.

Entsprechend dem auch im Systementscheid von 1977 gewählten Konzept war der Transrapid 05 mit elektromagnetischen Trag- und Führeinrichtungen ausgerüstet. Dabei wurde erstmals die im «Komet» auf der Versuchsanlage bei Manching getestete Einzelmagnetregelung – das «magnetische Rad» – mit Schwebegestellen, die den Fahrbahnbalken umgreifen, eingesetzt. Als Antrieb diente ein synchroner Langstator-Linearmotor mit Eisen; der Langstator war in den Fahrbalken integriert, die Trasse genau 908,19 Meter lang und als aufgeständerte Stahlfahrbahn mit 5,5 Meter lichter Durchfahrtshöhe ausgebildet. Das zur Stromversorgung eingerichtete Unterwerk lag etwa in der Mitte der Strecke und teilte sie in zwei Schaltabschnitte. Die vom Fahrzeugführer manuell oder von einem Fahrtrechner automatisch vorgegebenen Beschleunigungs-, Fahrt- oder Bremswerte wurden über den Leitstand in der Station Messe zur zentralen Fahrsteuerung im Unterwerk übertragen und dort zur Regelung der in den Langstator eingespeisten Antriebsenergie benützt. Die zwischen 0 und 55 Hertz regelbare Frequenz der Motorströme verlief entsprechend dem Synchronbetrieb proportional zur Geschwindigkeit des Fahrzeugs; die Höhe der Schub- und Bremskräfte entsprach der Amplitude der Motorströme.

Die zulässige Höchstgeschwindigkeit auf der IVA-Anlage betrug wegen der geringen Streckenlänge lediglich 75 km/h; das Fahrzeug war für 90 km/h ausgelegt.

Neben Information und Demonstration sollten Planung, Bau und Betrieb auch neue Erfahrungen liefern: über die Integration einer derartigen Bahn in städtische Strukturen, über behördliche Zulassung und Fahrgastabfertigung, aber auch über rein tech-

59 «Transrapid 05» nach Wiederaufbau der IVA-Anlage bei Thyssen-Henschel in Kassel begegnet dort einer als Denkmal aufgestellten alten Henschel-Dampftram-Lokomotive.

nische Probleme bei der erstmaligen Erprobung der zunächst nur auf den Versuchsanlagen getesteten Komponenten in einem integrierten System. Die Beteiligten hätten die Möglichkeiten der Anlage gern noch über das Ende der IVA hinaus für weitere Versuche genützt. Doch die Bemühungen um eine Verlängerung der Betriebserlaubnis stießen wiederum auf heftigen Widerstand, so daß die Anlage wie vorgesehen demontiert und – auf 594,3 Meter verkürzt – bei Thyssen-Henschel in Kassel wieder aufgebaut wurde. Dort hat sie bis 1983 der Weiterentwicklung von Fahrweg- und Fahrzeug-Komponenten für die anwendungsnahe Versuchsanlage im Emsland und deren Versuchsfahrzeug Transrapid 06 gedient. Die Fahrten in Kassel endeten, als sie im Emsland fortgesetzt werden konnten.

Studie für Frankfurt – Paris

Nachdem die elektromagnetische Schwebetechnik auf der IVA in Hamburg ihre Realisierbarkeit eindrucksvoll unter Beweis gestellt und der Bau der Transrapid-Versuchsanlage im Emsland begonnen hatte, schienen die Voraussetzungen erfüllt, in einer Planungsstudie erstmals einen konkreten Anwendungsfall umfassend zu untersuchen. Daraus sollten dann die möglichen Schlüsse zur Verallgemeinerung gezogen werden, um die Ergebnisse der Studie ohne großen Aufwand auf andere Anwendungsfälle übertragen zu können. Die Wahl fiel auf die 511 Kilometer lange Verbindung zwischen Frankfurt am Main und Paris. Die Schnellbahn «Transrapid» mit dem im Emsland erreichten Stand der Technik sollte die Städte Frankfurt, Kaiserslautern, Saarbrücken, Metz, Reims und Paris verbinden. Die Auswirkungen dieser Bahn wurden in vielfältiger Hinsicht untersucht, Schlüsse gezogen und die Ergebnisse mit den heute vorhandenen Verkehrsmitteln verglichen.

Die in deutsch-französischer Kooperation erstellte «Deu-Fra-Ko»-Studie kommt – nach französischer Rechnung – auf etwa zehn Prozent höhere Investitionskosten gegenüber einer Eisenbahn mit TGV-Merkmalen. Dagegen steht die höhere Geschwindigkeit der Magnetbahn. Allgemein kommt die Studie zu dem Ergebnis, daß der gesamtwirtschaftliche Nutzen einer Magnetbahn die Kosten in jedem Fall übersteigt, und daß sich die Magnetbahn unter den Gesichtspunkten Fahrtkosten und Reisezeit im Vergleich mit der heutigen Situation auch für den Fahrgast als durchaus kostengünstiges Verkehrsmittel darstellen würde.

Transrapid-Versuchsanlage Emsland

Die Anlage im Emsland gilt als letzter Schritt auf dem langen Weg der Magnetbahn vom ersten Modell bis zum öffentlichen Verkehrsmittel. Hier muß jede technische Komponente ihre Eignung auch bei hohen Geschwindigkeiten unter Beweis stellen, ebenso das System als Ganzes.

Die Versuchsstrecke sollte bei 31,5 Kilometer Gesamtlänge aus einem weitgehend geraden Mittelstück, beiderseits je einer Wendeschleife und einem Versuchszentrum bestehen. Für die größere Nordschleife waren 1690 Meter und für die Südschleife 1000 Meter Bogenradius vorgesehen. Die Versuche sollten wiederum mit einem zweigliedrigen Fahrzeug mit elektromagnetischen Trag- und Führsystemen in Verbindung mit einem Langstator-Linearmotor mit Eisen durchgeführt werden.

Im einzelnen sollte die Anlage im Emsland drei Aufgaben erfüllen: Funktion, Sicherheit, Zuverlässigkeit und Wirtschaftlichkeit der elektromagnetischen Schwebetechnik im anwendungsnahen Maßstab nachweisen; Betriebserfahrungen und Angaben zu Wartung und Instandhaltung aus Dauererprobungen liefern; die vorausgesagten Eigenschaften der umweltfreundlichen Magnetschwebebahn wie geringe Geräuschemission und niedriger spezifischer Energieverbrauch demonstrieren.

Um das in den vergangenen Jahren gesammelte Know-How auf diesem Gebiet gemeinsam zu nutzen, brachten AEG-Telefunken, Brown-Boveri, Dyckerhoff & Widmann, Krauss-Maffei, Messerschmitt-Bölkow-Blohm, Siemens und Thyssen-Henschel ihr Wissenspotential im Sommer 1978 in ein neues «Konsortium Magnetbahn Transrapid» ein.

Zwischen Lathen und Dörpen

Die Bauern im Emsland scheinen friedfertiger als die im Donauried. Zwar blieb es auch im Niedersächsischen nicht ohne Widerstand, doch leistete ihn hier allein die «Grüne Liste Umweltschutz», und ihr ging es um das neue, für überflüssig erachtete Verkehrssystem schlechthin. Sonst jedoch war die Anlage im Emsland willkommen, man sah sie positiv, zeigte sich

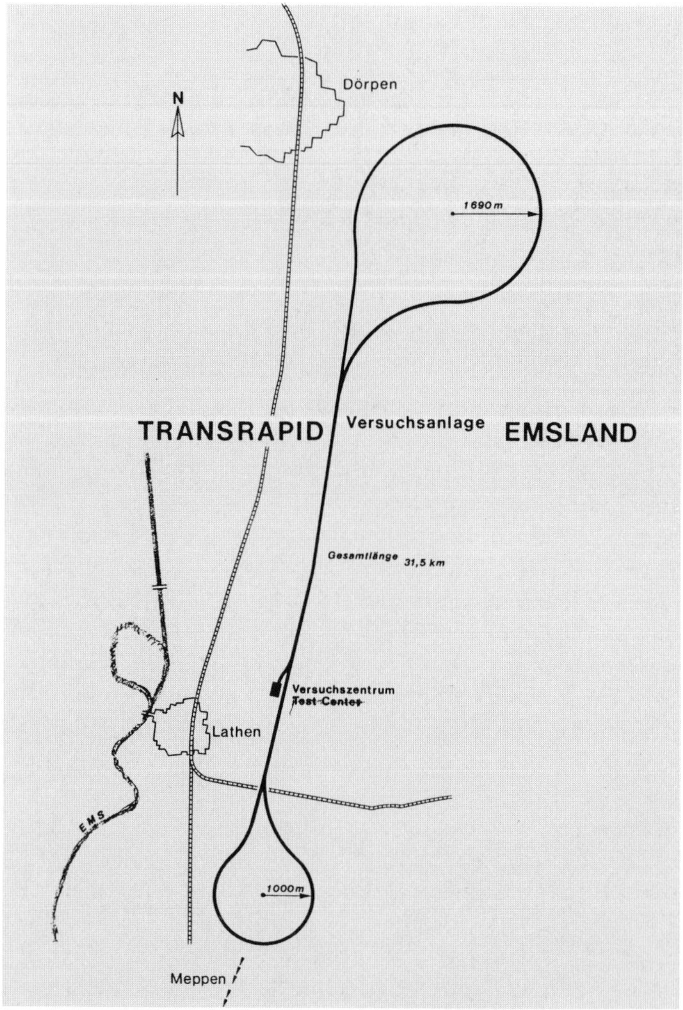

60 Lage der Transrapid Versuchsanlage Emsland (TVE); im ersten Bauabschnitt wurde die Nordschleife erstellt, ihr folgte Mitte der achtziger Jahre die für Dauerversuche unverzichtbare Südschleife.

61 Montage der Transrapid Versuchsanlage Emsland; die Stützen wurden an Ort und Stelle betoniert, die Fahrwegträger in einer nahegelegenen Feldfabrik vorgefertigt und von Kränen eingehoben.

stolz auf die zukunftsorientierte Sehenswürdigkeit und verband damit schon während der Bauzeit Fremdenverkehrswerbung:

«Jetzt in der Aufbauphase ist die Besichtigung der Transrapid Versuchsanlage Emsland besonders aufschlußreich. Man sieht, wie etwas «wird», entsteht. Man kann anfassen, man kann ungestört ganz nah herangehen ... Dieses imponierende Bild sollten Sie sich ansehen, wahrhaft ein Zeugnis unserer modernen Welt und Zeit ...» Der große farbige Prospekt der Emsland GmbH stellte die Anlage in den Mittelpunkt der Werbung für die Region im Jahr 1983 und fand für «die Magnetbahn, das Verkehrsmittel der Zukunft» durchweg freundliche Worte: «. . . die Träger, die kreuzende Verkehrswege störungsfrei überbrücken und Zerschneidungen der Landschaft vermeiden, ... geben der Landschaft einen besonderen Reiz. Erleben Sie hier die zur Wirklichkeit gewordene Entwicklungsarbeit unserer deutschen Wissenschaftler und Ingenieure. Und das inmitten der beruhigenden Landschaft unserer nordwestdeutschen Heimat ...»

Ende 1978 begannen die Vorarbeiten für die Versuchsstrecke entlang dem unvollendeten Emsseitenkanal. Er war gedacht, die zahlreichen Windungen der Ems zwischen Papenburg und Meppen zu umgehen und damit die Binnenschiffahrt zwischen Nordsee und Ruhrgebiet wesentlich zu erleichtern. In den dreißiger Jahren hatte der Arbeitsdienst mit dem Bau begonnen, später setzten ihn Kriegsgefangene fort, doch während des Zweiten Weltkriegs wurden die Arbeiten eingestellt und danach nicht mehr fortgesetzt. Die heute wassergefüllten Teile, die damals mit Hacke und Schaufel gegraben worden waren, erfreuen seither nur Badegäste, Angler und das Auge des Wanderers.

Zwischen Lathen und Dörpen begleitet nun die Betonbahn das stille Gewässer. Zweifellos setzt sie eine starke Dominante in der flachen, melancholischen Landschaft. Erst wenn – einer Auflage im Genehmigungsbescheid entsprechend – die Fahrbahn mit den Betonpfeilern nach Abschluß der Versuche wieder abgebaut ist, wird sich objektiv über die Veränderung des Landschaftsbildes urteilen lassen. Mancherorts ist es durch ein markantes Bauwerk bereichert worden. Ob die Magnetbahn das vermag, bleibt natürlich dahingestellt. Daß sie stört, läßt sich aber ebenso wenig behaupten.

62 Der Betonfahrweg besteht aus A-bockförmigen Stützen und dem aufgelegten Fahrwegträger.

Beton- und Stahlfahrweg

Im Herbst 1980 begannen die Bauarbeiten zunächst für einen ersten Abschnitt von Streckenkilometer 10,9 bis 31,5 und somit eigentlich für den zweiten Teil der Anlage. Der Abschnitt von Streckenkilometer 0,0 bis 10,9 ist 1984 als zweiter in Angriff genommen worden.

Beton und Stahl standen als Material für den Fahrweg von Anfang an in Wettbewerb und sollten auch auf der Versuchsanlage im Emsland gleichermaßen auf ihre Eignung untersucht werden, obwohl der Betonfahrweg aus den Ausschreibungen als die kostengünstigere Lösung hervorgegangen war. So enthält die Nordschleife zwischen den Streckenkilometern 23,3 und 28,3 einen rund fünf Kilometer langen Fahrbahnabschnitt aus Stahl, die gesamte übrige Trasse wird aus Beton hergestellt. Auch der Stahlfahrweg ruht auf Betonstützen.

Als besondere Vorteile der Spannbetonausführung gelten hohe Steifigkeit, große Masse, gute Materialdämpfung, geringe Bauhöhe und günstige Baukosten. Für den Stahl sprechen die Möglichkeit der Materialrückgewinnung nach dem Abbau, hohe Genauigkeit und einfache Justiermöglichkeit.

Der Betonfahrweg besteht aus den A-bockförmigen Stützen und den aufgelegten Fahrwegträgern mit Hohlkastenquerschnitt. Während die Stützen nach Herstellung der Fundamente an Ort und Stelle betoniert wurden, entstanden die Fahrwegträger in einer nahe der Anlage errichteten Feldfabrik vorwiegend in der Normlänge von 24,9 Metern, daneben auch mit 12,5 und 31,0 Metern. Drei 37,2 Meter lange Träger wurden am Ort betoniert. Die lichte Höhe unter dem Fahrbalken der durchweg aufgeständerten Trasse erreicht etwa 4,7 Meter; lediglich bei der Zufahrt zum Versuchszentrum vermindert sie sich auf etwa 1,5 Meter innerhalb der Halle.

Während die Fahrbalken aus Beton durchweg als Einfeldträger ausgeführt sind und damit an beiden Enden aufliegen, bilden die 49,7 Meter langen Stahlfahrbalken Zweifeld-Durchlaufträger über einer Zwischenstütze mit festem Auflager.

In der Nordschleife ist die Fahrbahn bis zu 12° «überhöht», also quergeneigt; dies entspricht dem

63 Weiche zwischen Versuchszentrum und der zur Südschleife führenden Geraden auf der Transrapid Versuchsanlage Emsland.

Höchstwert auch für spätere Verkehrsanlagen. Eine Längsneigung bis zu 30‰ besteht in der Zufahrt zum Versuchszentrum.

Am Übergang von der Geraden in die Schleife liegt eine Schnellfahrweiche, an der Zufahrt zum Versuchszentrum eine Langsamfahrweiche; geradeaus sind beide mit der Höchstgeschwindigkeit von 400 km/h befahrbar, im gekrümmten Zweig läßt die Schnellfahrweiche 200, die Langsamfahrweiche 100 km/h zu. An der Südschleife wird ebenfalls eine Schnellfahrweiche eingebaut. Den geradeaus führenden Trassenteil verbindet das 132 beziehungsweise 67 Meter lange, bewegliche Weichenstück spannungsfrei; zur Verbindung mit dem abzweigenden wird es elastisch zur Seite gebogen. Dazu dient ein als Fahrbalken gestalteter Stahlträger. Die Stelldauer beträgt etwa zwanzig Sekunden.

Zum fertigen Fahrweg gehört auch die Ausrüstung, im wesentlichen bestehend aus dem Langstator für Antriebs- und Brems- sowie für die Tragfunktion und aus den beiderseitigen Reaktionsschienen für die Führ- und Zwangsbremsfunktion. Für die Montage nach Fertigstellung des eigentlichen Fahrwegs steht ein aus vier Spezialfahrzeugen bestehender Verlegezug zur Verfügung. Weitere Montagehilfen dienen dem Einbau der übrigen Fahrwegausrüstung, insbesondere auch der nachrichtentechnischen Einrichtungen. Die hohen Anforderungen an die Genauigkeit des Fahrwegs ergeben sich aus dem geringen Abstand der Trag- und Führmagnete des Fahrzeugs. Mit nur etwa acht Millimetern seitlich und der Höhe nach müssen 400 km/h berührungsfrei möglich sein. Die Ausrüstung ist deshalb vom übrigen Fahrweg getrennt justierbar.

Auf der Versuchsanlage ist ein synchroner Langstator mit Eisen verlegt, dessen Bauweise die Kombination von Trag- und Antriebsfunktion über dieselben Erregermagnete im Fahrzeug ermöglicht. Zur beiderseitigen magnetischen «Aufhängung» läuft je eine Dreiphasenwicklung, in das zugehörige Eisenblech integriert, zu beiden Seiten unterhalb der Fahrbahnplatte entlang. Elektrisch sind die zwei Statorhälften in Reihe geschaltet. Um die Übertragungsverluste gering zu halten, besteht der Langstator aus Einzelabschnitten, von denen immer nur der angeschaltet wird, in dem sich das Fahrzeug gerade befindet. Die Abschnittslänge beträgt in Streckenbereichen, die nur mit niedriger Geschwindigkeit und entsprechend geringerem Leistungsbedarf befahren werden, bis zu 3000 Meter, im Schnellfahrbereich 362,5 Meter.

Den Drehstrom im Spannungsbereich bis 1950 Volt mit einstellbarer Frequenz bis 215 Hertz zur Erzeugung des Wanderfeldes liefern Wechselrichter. Die Energie wird an den Nahtstellen zwischen den Einzelabschnitten des Langstators im unteren Geschwindigkeitsbereich direkt, im oberen über Transformatoren zugeführt, die Speisespannung dabei auf 4250 Volt erhöht. Das Unterwerk zur Energieversorgung der gesamten Anlage befindet sich im Versuchszentrum.

Zur Steuerung und Überwachung des Betriebs auf der Anlage, zu dessen Sicherung, sowie zur Übertragung von Daten und Meßwerten steht ein besonderes Informatiksystem zur Verfügung. Für die Datenübertragung ist seitlich am Fahrweg ein Schlitzhohlleiter angebracht, in dessen Schlitz die Fahrzeugantenne hineinreicht. Der Betriebsablauf wird

gewöhnlich vom Leitstand der Zentrale aus entweder vollautomatisch durch einen Rechner oder manuell gesteuert. Bei manuellem Betrieb kann das Fahrzeug auch vom Cockpit aus angehoben und beschleunigt werden. Die zulässige Geschwindigkeit ist für jeden Punkt der Anlage auch im Leitrechner fixiert. An der Strecke sind Ortsmarkierungen angebracht, die vom Fahrzeug elektronisch abgetastet werden, so daß die genaue Fahrtposition ständig erfaßt und dem Rechner übermittelt werden kann. Beim Überschreiten der zulässigen Höchstgeschwindigkeit greifen die mechanischen Bremsen selbsttätig. Die zur Beurteilung des Systems nötigen Meßdaten werden teils im Fahrzeug, teils am Fahrweg erfaßt, aufgezeichnet und über Fernmeßeinrichtungen, auf der Anlage im Emsland über den Schlitzhohlleiter, zur Zentrale übertragen.

Insgesamt besitzt die Versuchsanlage im Emsland alle spezifischen Eigenschaften einer Magnetbahnstrecke in ems-Technik, so daß sich aus den hier gewonnenen Erkenntnissen endgültige Schlüsse auf ein Anwendungsprojekt ziehen lassen.

Der «Transrapid 06»

Gegenüber dem ebenfalls zweiteiligen «Transrapid 05» auf der IVA '79 in Hamburg ist der «Transrapid 06» für die Versuche im Emsland mehr als doppelt so lang, rund zwanzig Prozent breiter und höher, mehr als dreimal so schwer und über viermal so schnell. Während in Hamburg 68 Personen mitfahren konnten, enthält der «Transrapid 06» bereits 192 Sitzplätze, etwa so viele wie vier Reiseomnibusse.

Seine Formgebung trägt in erster Linie aerodynamischen Gesichtspunkten Rechnung, um den Luftwiderstand und die Seitenwindempfindlichkeit soweit wie möglich herabzusetzen. Die beiden in Aluminium-Sandwichbauweise hergestellten Fahrzeugsektionen sind vollkommen identisch und mechanisch wie elektrisch verbunden. Die Gesamtgestaltung orientiert sich bereits an den Erfordernissen eines späteren kommerziellen Einsatzes.

Die Fahrgastzelle stützt sich über pneumatische Federn auf vier Schwebegestelle je Sektion. Um ungleichmäßige Beladung im Betrieb auszugleichen, läßt sich diese Federung zur Niveauregulierung steuern.

64 Die Aufnahme zeigt die beiden Sektionen des weitgehend fertiggestellten Transrapid 06 in den Werkhallen von Krauss-Maffei kurz vor der Überführung zur Versuchsanlage im Emsland.

65 Eines der Schwebegestelle für den «Transrapid 06» während der Vorerprobung in der Werkhalle.

66 «Transrapid 06» nach dem «Einfädeln» auf die Trasse im Emsland. Dabei läßt sich besonders deutlich erkennen, wie das Fahrzeug den Fahrweg umgreift. Die Tragmagnete wirken von unten anziehend auf die Reaktionsschienen der Fahrbahn und heben damit das Fahrzeug an. Diese Konstruktion gewährleistet auch völlige Entgleisungssicherheit.

67 «Transrapid 06» auf der Teststrecke im Emsland während der ersten Schwebeversuche. Im Vordergrund der unvollendete Emsseitenkanal.

68 Erste Vorführung des «Transrapid 06» am 7. Juli 1983. Eben verläßt der Magnetbahnzug die Halle des Versuchszentrums.

69 Transrapid 06, Fahrzeugquerschnitt.

Die Schwebegestelle sind ebenfalls identisch gestaltet und ausgerüstet. Sie enthalten je Fahrzeugsektion unten 32 Trag- und seitlich 28 Führmagnete von je 1,5 Meter Länge mit Einzelaufhängung und -regelung. Beim «Transrapid 06» ist damit das Prinzip der «magnetischen Räder» besonders weitgehend realisiert. Die Magnete belegen nahezu die gesamte Fahrzeuglänge, so daß sich auch die Verkehrslast über eine entsprechend große Länge verteilt. Der mittlere Leistungsbedarf der Trag- und Führsysteme liegt bei 190 Kilowatt für das gesamte Fahrzeug.

In den Schwebegestellen sind auch Gleitkufen und das mechanische Notbremssystem integriert. Während die Betriebsbremse elektrisch über den Linearmotor wirkt, hat das zusätzliche mechanische Bremssystem nur Ersatzfunktion beim Ausfall der Betriebsbremse oder bei sonstigen Unregelmäßigkeiten. Die Gleitkufen sind gefedert und übernehmen beim Absetzen des Fahrzeugs die Trag- und Führfunktion.

Die im Fahrzeug benötigte elektrische Energie für die technische Ausrüstung, insbesondere die Trag- und Führsysteme, aber auch für Beleuchtung und Klimatisierung der Fahrgasträume, wird im Stillstand und bei geringer Geschwindigkeit einer Nik-

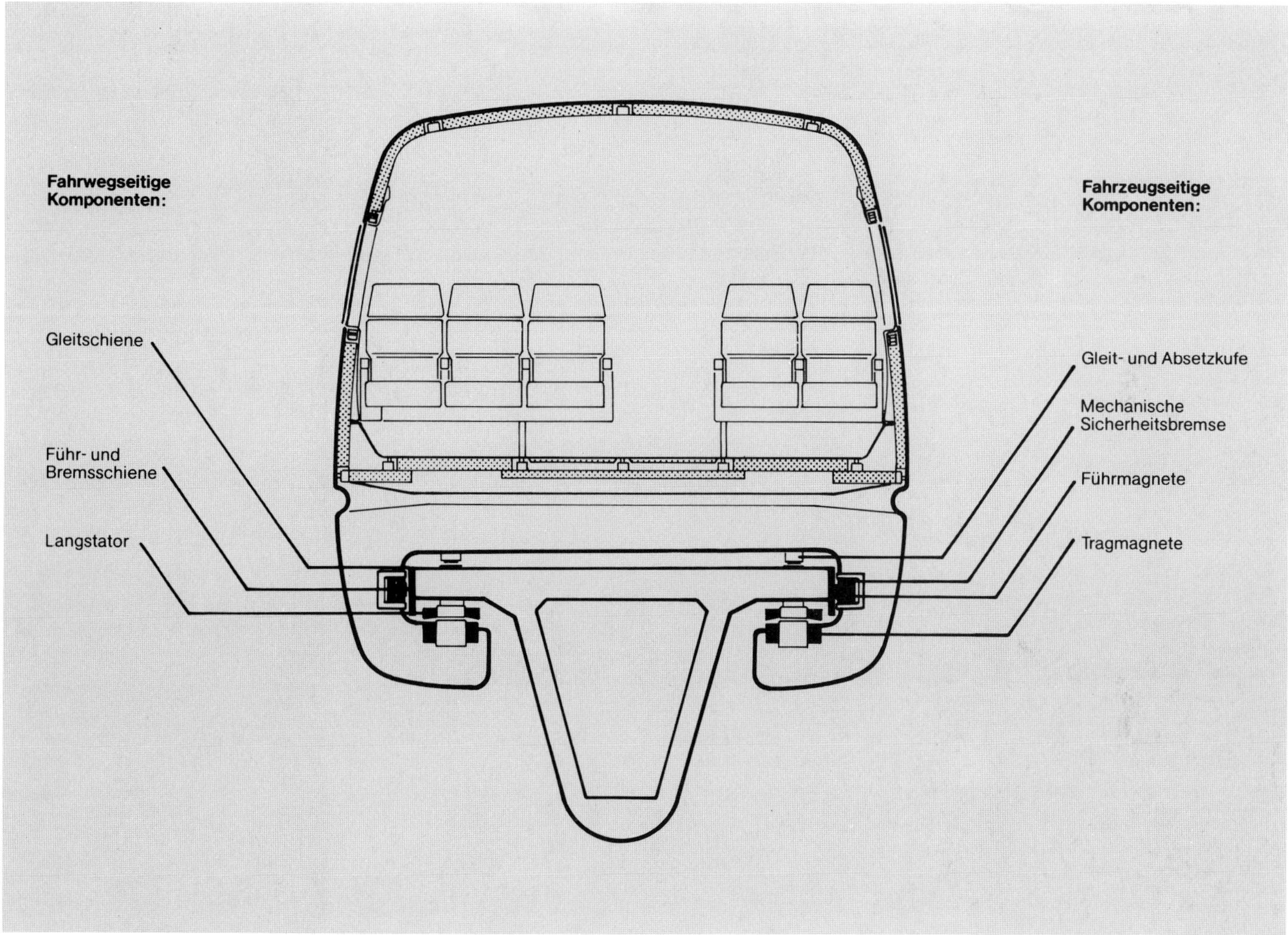

kel-Cadmium-Batterie entnommen, während der Fahrt ab etwa 75 km/h jedoch induktiv aus dem Langstator auf besondere Wicklungen in den Tragmagneten übertragen. Schon von dieser Geschwindigkeit an läßt sich damit der Strom für die Trag- und Führsysteme aus dem stationären Netz berührungsfrei beziehen; ab etwa 125 km/h reicht die übertragene Energie aus, um den gesamten Bordbedarf zu dekken und die Batterien nachzuladen. Jede Fahrzeugsektion enthält eine Batterie mit 80 Amperestunden Kapazität; die Bordnetzpannung beträgt 440 Volt.

Der Fahrzeugteil des «Transrapid 06» wurde bei Krauss-Maffei in München hergestellt. Eine Sektion war auf der internationalen Fachmesse «Transport '82» im Juni 1982 in München ausgestellt. Nach stationären Schwebeversuchen in der Werkhalle traf die erste Sektion am 23. März 1983 beim Versuchszentrum im Emsland ein. Dort folgte die Endmontage mit Integration der Schwebegestelle. Ende Juni stand der «Transrapid 06» zur ersten Hallenausfahrt bereit.

Bei der ersten Vorführung am 7. Juli 1983 kam es durch einen Kurzschluß in der stationären Stromversorgung zu einem Kabelbrand, der die für den 20. September anberaumte Eröffnung der Anlage um mehrere Monate verzögerte. Der vorläufige Versuchsbetrieb wurde Anfang 1984 wieder aufgenommen. Am 17. August überschritt der «Transrapid 06» erstmals die «magische Schwelle» von dreihundert Stundenkilometern: mit rund zwanzig Mitarbeitern besetzt erreichte er 302,0 km/h.

Potente Partner

Die Versuchsanlage im Emsland ist von der deutschen Industrie erbaut worden, betrieben wird sie von einer Gesellschaft, der in erster Linie zwei bedeutende Verkehrsträger angehören: die Deutsche Bundesbahn und die Deutsche Lufthansa. Sie gründeten zusammen mit der Industrieanlagen-Betriebsgesellschaft (IABG) am 30. November 1981 die Versuchs- und Planungsgesellschaft für Magnetbahnsysteme (MVP) in München. Neben Betrieb und Verwaltung der Versuchsanlage obliegen dieser Gesellschaft Beurteilung und Bewertung der Anwendungsreife des Transportsystems Magnetbahn aus der Sicht potentieller Betreiber. Zu den Aufgaben gehören auch die technischen Versuche auf der Anlage, betriebs- und volkswirtschaftliche Untersuchungen aus Betreibersicht, Unterstützung bei der Vermarktung und schließlich Abbau der Anlage nach zehn Jahren, wie ihn die Planfeststellung zur Auflage macht. Betriebsführung und Versuche hat die Gesellschaft allein der IABG übertragen.

Das Konsortium Magnetbahn Transrapid, dem Planung und Bau des Magnetbahnsystems oblagen, bleibt auch weiterhin bestehen. Es beschäftigt sich mit der technischen Weiterentwicklung, während die Versuchs- und Planungsgesellschaft mehr die anwendungs- und betriebsbezogenen Fragen verfolgt.

Die Deutsche Bundesbahn, stets als aufmerksamer Beobachter der Magnetbahnaktivitäten im Hintergrund, dokumentierte mit ihrer Beteiligung an der Versuchs- und Planungsgesellschaft erstmals auch unmittelbar ihren Anspruch auf Beteiligung an der Betriebsführung eines unkonventionellen Fernverkehrssystems in ihrem Bereich. Andererseits steht damit ausländischen Interessenten ein neutraler Partner zur Verfügung, der für objektive Beratung bürgt.

Die Industrie hat ihrerseits am 30. Juni 1982 unter dem Namen «Transrapid International» (TRI) eine Gesellschaft zur gemeinsamen Weiterentwicklung der Magnetbahn bis zur Einsatzreife sowie zur Vorbereitung der Einführung im In- und Ausland gegründet. Ihr gehören Messerschmitt-Bölkow-Blohm, Krauss-Maffei und Thyssen-Henschel an. Zweck dieser Gründung war, die noch notwendige Weiterentwicklung gemeinsam durchzuführen, vor allem aber in internationaler Zusammenarbeit mit Consulting- und Industrieunternehmen Studien aller Art zur Vorbereitung und Einführung des neuen Ver-

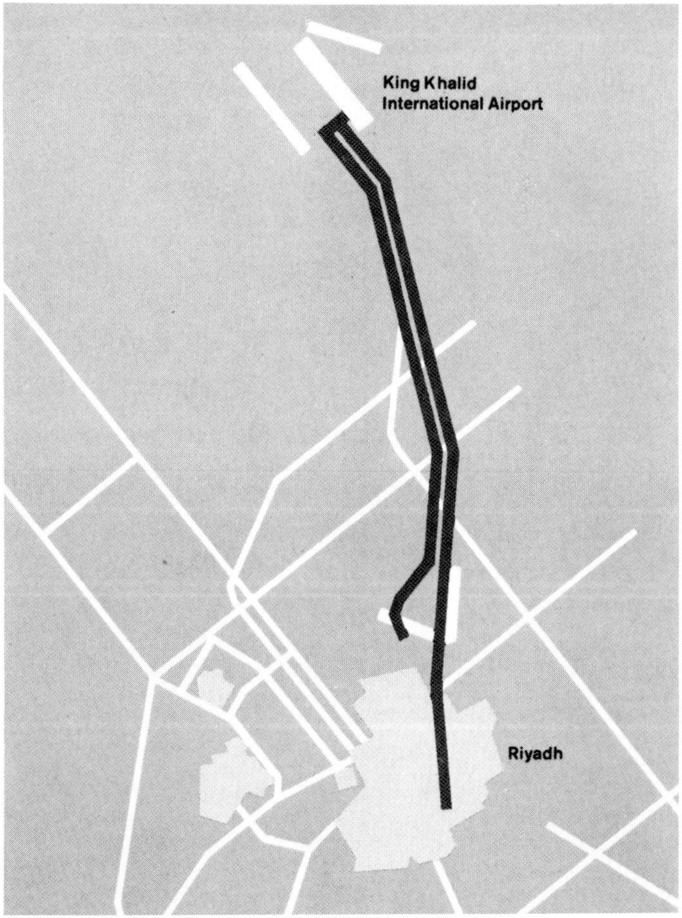

70/71/72 Trassenstudien für den Einsatz der Magnetbahn «Transrapid» Anfang der achtziger Jahre.

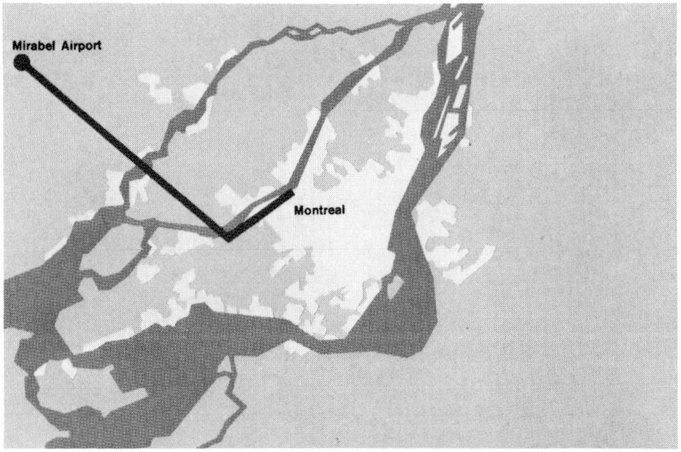

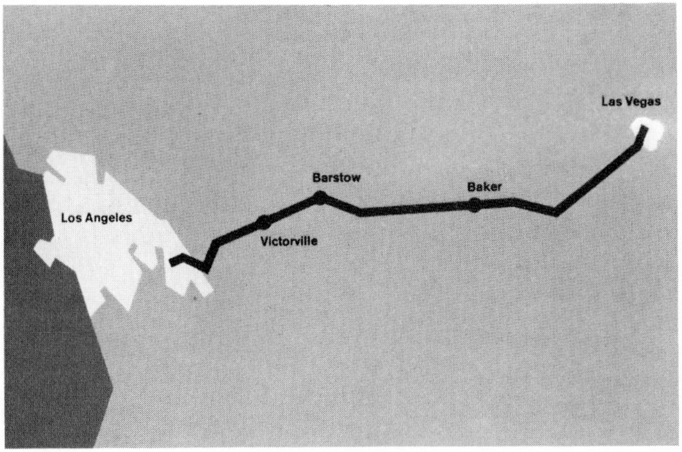

73 Zukunftsvision im Jahr 1984: «Transrapid» in Mekka.

kehrssystems – vor allem im Ausland – zu erarbeiten. Bei Gründung der Gesellschaft ging die Geschäftsführung davon aus, noch in den achtziger Jahren mit dem Bau einer ersten Magnetbahnstrecke für den öffentlichen Einsatz beginnen zu können.

Kein Mangel an Möglichkeiten

Wo diese erste Strecke entstehen wird und wohin sie führt, bleibt vorerst noch offen. Erste Überlegungen ergaben sogleich fünfzig denkbare Möglichkeiten. Dabei wird zwischen drei Anwendungsfällen unterschieden: Kurzstreckenverkehr, etwa zur Verbindung zwischen Stadt und Flughafen bei Entfernungen von dreißig bis vierzig Kilometern und 200 km/h Höchstgeschwindigkeit, Mittelstreckenverkehr über hundert bis 120 Kilometer mit 300 km/h und Langstreckenverkehr über mehr als 150 Kilometer mit 400 bis 500 km/h.

Konkret studiert wurden als Kurzstreckenverbindung Washington DC – Dulles Airport, Dallas – Fort Worth und Houston – Flughafen in den USA sowie Rijad – King-Chalid-Airport in Saudi Arabien. Auch die Städteverbindung Montreal – Ottawa über den schlecht ausgelasteten Mirabel Airport in Kanada wurde untersucht.

Studien für Intercity-Verbindungen liegen bei Transrapid International unter anderem für die europäischen Linien Brüssel – Basel, München – Augsburg und München – Nürnberg, für Jeddah – Mekka – Yanbu – Medina – Jeddah – Al Hamra und Rijad – Mekka in Saudi Arabien sowie für Orlando – Tampa – Disney World, Fort Worth – Dallas – San Antonio und in vertiefter Form für Chicago – Milwaukee in den USA vor.

Das am weitesten fortgeschrittene und auch aussichtsreichste Projekt bildet indessen die Magnetbahnverbindung zwischen Los Angeles und Las Vegas im amerikanischen Bundesstaat Nevada.

Schwebend ins Spielerparadies?

Las Vegas zählt als größtes Vergnügungszentrum der Welt viele Millionen Besucher im Jahr. Die Hälfte kommt – wie eine Untersuchung für 1980 zeigte – mit

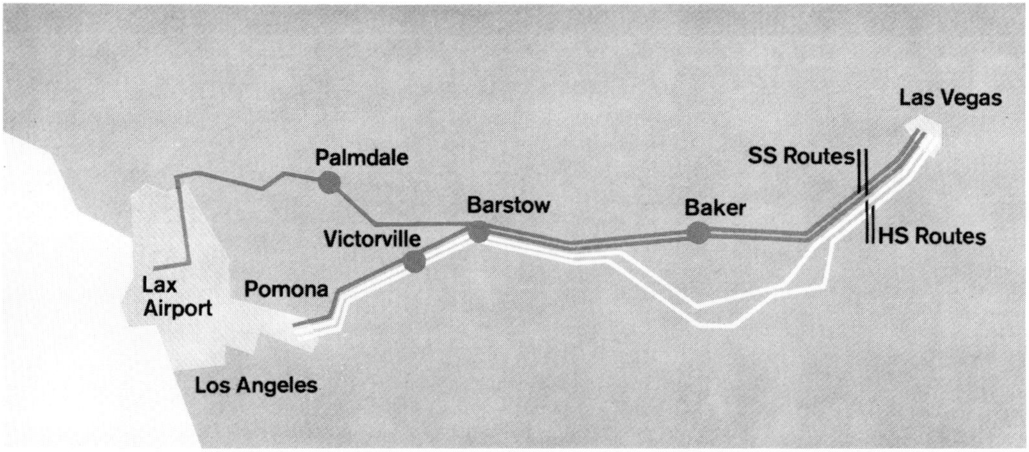

74 Untersuchung des «Korridors» Los Angeles – Las Vegas für eine neue Schnellverbindung mit neuzeitlicher Rad-Schiene- oder mit Magnetschwebetechnik. Die beiden oberen Linien geben die «Super Speeds» (SS) der Magnetbahn mit zwei Einführungsvarianten in Los Angeles wieder, die unteren beiden markieren «High Speed»-Trassen (HS) mit konventionellen Schienenbahnen. In der Untersuchung erwies sich eine der Magnetbahntrassen als die günstigste Lösung.

dem Auto über den Freeway, vierzig Prozent reisen im Flugzeug an, das restliche Zehntel benützt den Bus. Die Eisenbahnverbindung der staatlichen Betriebsgesellschaft Amtrak war nur zu 0,1 Prozent beteiligt. Die Fahrt von Los Angeles dauert der Untersuchung zufolge mit dem Auto fünf bis sechs, mit dem Bus sieben und mit dem Zug acht Stunden, wobei die beiden Städte nur 450 Kilometer voneinander entfernt sind.

Da die bestehende Infrastruktur kaum erweiterungsfähig, schon heute aber im Spitzenverkehr stark überlastet ist, richtete sich das Interesse der Verantwortlichen auf ein neues, attraktives, schnelleres, energiesparendes und umweltfreundliches Verkehrsmittel, das mit kurzen Fahrzeiten insbesondere auch Tagesreisen zu ermöglichen vermag.

Die amerikanische Bundesregierung hat unter den Verkehrskorridoren, die in den USA für ein neues spurgebundenes Verkehrsmittel in Frage kommen, die Verbindung Los Angeles – Las Vegas an vierter Stelle eingeordnet und damit den hohen Stellenwert einer solchen neuen Verbindung auch im überregionalen Zusammenhang deutlich gemacht. So erhielt Las Vegas, als das Projekt seine ersten Konturen erhalten sollte, schon für eine Durchführbarkeitsstudie 150000 Dollar Bundeszuschuß.

Mitglieder der Verwaltung mit Bürgermeister William Briare an der Spitze besuchten nach Kanada und Frankreich auch die an der Entwicklung der Magnetschwebetechnik beteiligte deutsche Industrie, Krauss-Maffei in München und Thyssen-Henschel in Kassel, sowie die im Entstehen begriffene deutsche Versuchsanlage im Emsland.

Den Auftrag für die Anfang 1982 ausgeschriebene und von der Stadt Las Vegas, den Bundesstaaten Nevada und Californien sowie der amerikanischen Bundesregierung vergebene Durchführbarkeitsstudie erhielt The Budd Company in Fort Worth, eine Tochter des deutschen Thyssen-Konzerns. Die Studie sollte im Vergleich von unkonventioneller Verkehrstechnologie mit fortschrittlicher Rad-Schiene-Technik das am besten geeignete System aufzeigen, wobei Wirtschaftlichkeit und Attraktivität die wesentlichen Kriterien bildeten.

In die Gegenüberstellung der Vergleichsdaten wurden für Rad-Schiene-Technik bis 260 km/h der französische TGV, die japanischen Shinkansen, der kanadische LRC, der elektrische Triebzug 403 der Deutschen Bundesbahn, der italienische ETR 401, die britische APT und HST sowie der Metroliner aus dem Nord-Ost-Korridor der USA aufgenommen. Für unkonventionelle Schnellverkehrstechniken bis 400 km/h waren es die elektromagnetischen Schwebesysteme der Japan Air Lines (JAL) und des deutschen Konsortiums Magnetbahn Transrapid sowie das elektrodynamische Schwebesystem der Japanischen Staatsbahnen (JNR).

Damit wurden zunächst Trassierungsmöglichkeiten, Verkehrsaufkommen und Systemkosten untersucht, danach die Bewertungskriterien festgelegt und Bewertungen sowie Kosten-Nutzen-Analysen durchgeführt. Die Entscheidung fiel zugunsten der Magnetbahn. Da für die japanischen Systeme noch keine Vergleichsgrößen zur Verfügung standen, wurde allein die deutsche Entwicklung weiter verfolgt.

Für sie war in der ersten Untersuchungsphase eine Reisezeit zwischen Los Angeles und Las Vegas von 75 Minuten ermittelt worden. Wegen ihres Neuheitswertes und ihrer besonderen Attraktivität rechneten die Gutachter mit einem zusätzlichen Besucheraufkommen von zwei Millionen jährlich und mit dem Überwechseln weiterer 1,7 Millionen Besucher von anderen Verkehrsmitteln auf die Magnetbahn. Ihre jährlichen Betriebskosten wurden zu 33, für Rad-Schiene-Technik zu 36 Millionen Dollar errechnet, während sich die nötigen Investitionen von 1,8 Milliarden Dollar bei Rad-Schiene- und Magnetschwebetechnik etwa die Waage hielten. Dabei wurden für die Magnetbahn 445 Kilometer Fahrweg, vierzig Fahrzeug-Sektionen, zwei Bahnhöfe mit den entsprechenden Service- und Abfertigungsanlagen, Werkstätte und Verwaltungsgebäude sowie Energieversorgungsanlagen vorgesehen und 20 Prozent für Unvorhergesehenes, weitere 12 Prozent für Ingenieurleistungen veranschlagt.

Für die Magnetbahn wurden anschließend noch mehrere Trassierungen mit zwei möglichen Endpunkten in Los Angeles untersucht: beim Bahnhof der Union Pacific Railroad und beim Flughafen. Als Bauzeit wurden fünf Jahre genannt.

Bei erfolgreichem Verlauf der Erprobung auf der Transrapid-Versuchsanlage im Emsland erwartet das Konsortium auch in den USA starke Impulse für die nächsten Schritte zur Realisierung der Verbindung nach Las Vegas: Gründung einer Bau- und Betriebsgesellschaft, Detailstudien, Entwurfsarbeiten, Sicherstellung der Finanzierung. Neben starkem Interesse privaten Kapitals wird auch eine Beteiligung der Öffentlichen Hand erwartet.

Kein Erfolg in der Welt ohne Referenz zu Haus

Im Frühjahr 1984 berichteten die Nachrichtenagenturen über Pläne, eine Magnetbahn vom Bundesgebiet nach Berlin zu bauen. So schrieb die Neue Hannoversche Presse am 28. Februar: «In weniger als einer Stunde mit der Magnetschwebebahn von Hannover quer durch die DDR nach Westberlin: Diese Vision einer superschnellen Schienenverbindung wird im Bonner Forschungsministerium durchgeplant. Die Transitfahrt im Tempo von mehr als 300 Stundenkilometern wird als eine Möglichkeit erwogen, die deutsche Magnetbahntechnologie nach erfolgreichen Versuchen auf der . . . Teststrecke im Emsland auch auf einer Langstrecke zu erproben . . .»

Bei geschätzten Baukosten von vier Milliarden Mark, fehlendem Geld für andere Verkehrsinvestitionen, dem Zwang restriktiver Haushaltspolitik des Bundes, den absehbaren Widerständen von Landschafts- und Umweltschützern, der erforderlichen Durchquerung der DDR und einer Palette weiterer Vorbehalte mag diese Nachricht manchem Zeitungsleser als phantastische Utopie erschienen sein. Daß sie in Bonn tatsächlich erwogen wird, steht außer Zweifel, ebenso auch, daß ein Projekt dieser Art für die künftigen Exportchancen der neuen Technologie von entscheidender Bedeutung ist.

Auch bei der Beschaffung konventionellen Eisenbahnmaterials legen ausländische Interessenten besonderen Wert darauf, daß die ins Auge gefaßte Technik auch von der Staatsbahn des Exportlandes benützt wird und sich dort im Betrieb hinreichend bewährt hat. Gegenüber der Magnetbahntechnologie als völliger Innovation ist noch größere Skepsis zu erwarten, die nur zum Teil mit Demonstrationen auf der Versuchsanlage, vollständig aber erst mit einer funktionierenden Strecke im eigenen Land abzubauen ist. Aus dieser Erkenntnis heraus war auch die Suche nach anderen denkbaren «Korridoren» in der Bundesrepublik in Gang gekommen, für die eine Magnetschwebebahn deutlich bessere Verkehrsverhältnisse schaffen und damit Chancen der Realisierung haben könnte.

Darüber hinaus hat die Deutsche Forschungs- und Versuchsanstalt für Luft- und Raumfahrt (DFVLR) bereits ein «Transrapid-Zentralnetz» ausgearbeitet, in dem die Magnetbahn auf 5300 Kilometern Luftlinie 26 Städte oder Ballungsgebiete in acht europäischen Ländern mit zusammen 230 Millionen Bewoh-

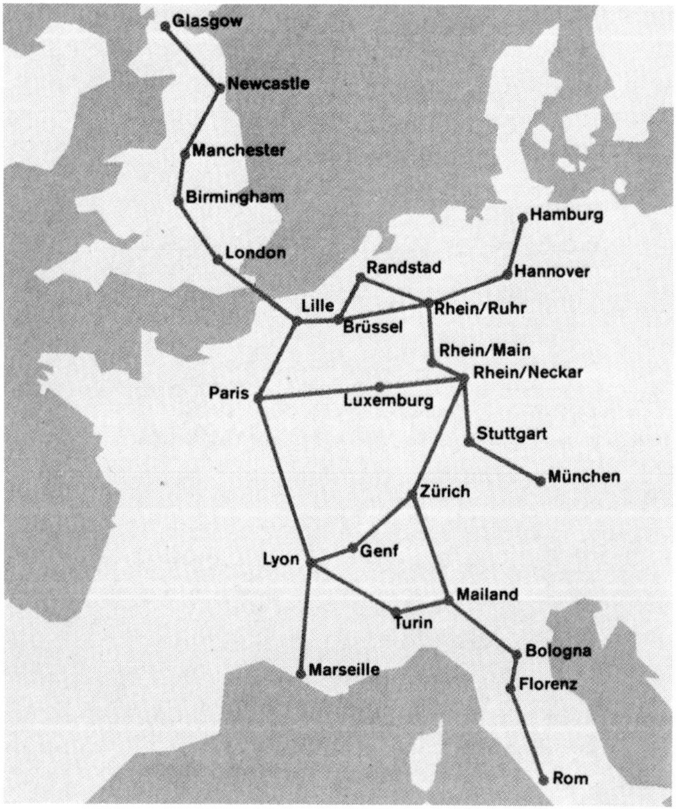

75 Von der Deutschen Forschungs- und Versuchsanstalt für Luft- und Raumfahrt (DFVLR) ausgearbeitetes «Transrapid-Zentralnetz» mit 5300 Kilometer Gesamtlänge zwischen 26 europäischen Städten.

nern verbinden könnte. Mehr als ein Viertel dieser Menschen lebt im unmittelbaren Einzugsbereich des konzipierten Verkehrsnetzes, die mittlere Entfernung zwischen den Netzpunkten beträgt etwa 230 Kilometer, 88 Prozent aller Abschnitte sind größer als 120 Kilometer – für die Magnetbahn optimale Anwendungsbedingungen.

In die seit 1982 auf Regierungsebene laufenden Untersuchungen über eine von Frankreich und der Bundesrepublik Deutschland für wünschenswert erachtete Schnellverbindung Paris – Köln ist die Magnetbahn einbezogen, übrigens war es auch die Luftkissentechnik, obwohl dieses System seit 1975 nicht mehr weiterentwickelt wurde. Ob sich am Schluß nationale Wirtschaftsinteressen den objektiven Bewertungsmaßstäben von Technologie, Ökonomie und Umweltbeeinflussung unterordnen lassen, muß sich zeigen. Woran sich die Entscheidung letztlich orientiert und wie die Partner sie respektieren, wird dann ein Licht auf das europäische Verhältnis werfen.

Am Rad von Grenoble

Deutsch-französische Zusammenarbeit gibt es seit 1978 bei der Entwicklung einer Magnetbahn mit asynchronem Kurzstator-Linearmotor und elektro-

76 Segment des «Rades von Grenoble» im Rotationsprüfstand des französischen Institut de Recherche des Transports; mit dem Rad von 12 Meter Durchmesser lassen sich hohe Umfangsgeschwindigkeiten erreichen und damit schnelle Bewegungen auf dem Prüfstand simulieren.

magnetischer Trag- und Führtechnik. Die erste Phase dieser Entwicklung wurde Anfang 1984 abgeschlossen. Im Mittelpunkt stand dabei der Rotationsprüfstand des Institut de Recherche des Transports (IRT) mit seinem «Rad von Grenoble», dessen großer Durchmesser von 12 Metern hohe Umfangsgeschwindigkeiten ergibt und damit Tests bis in den Bereich der Höchstgeschwindigkeit des Bahnsystems ermöglicht.

Der deutsch-französische Kooperationsvertrag wies der französischen Seite die Entwicklungsarbeiten an einem dort von Celduc bereits untersuchten asynchronen Linearmotor mit U-förmiger Reaktionsschiene zu, der deutschen Seite – im wesentlichen repräsentiert durch Thyssen-Henschel – die elektromagnetische Trag- und Führungstechnik. Als Ergebnis wurde unter der Bezeichnung U-LIM-AS ein Verkehrsmittel für den Transport von Personen und Gütern bis zu 300 km/h mit aufgeständertem Fahrweg konzipiert, dessen wesentlicher Vorteil in verhältnismäßig niedrigen Fahrwegkosten liegt. Es verspricht damit einen wirtschaftlichen Einsatz auch noch bei weniger starkem Verkehrsaufkommen.

In der zweiten Phase der deutsch-französischen Gemeinschaftsentwicklung sollen Anwendungsmöglichkeiten untersucht und womöglich Fahrten mit einem Testfahrzeug auf einer Versuchsanlage durchgeführt werden. Dafür war zunächst ein Teil der früheren Aerotrain-Teststrecke ins Auge gefaßt; inzwischen wird jedoch ein Neubau an anderer Stelle für zweckmäßiger erachtet.

Auch Japan schwebt magnetisch

Obwohl die Japanischen Staatsbahnen (JNR) als erste der Welt ein neuzeitliches Rad-Schiene-System entwickelt und mit ihren Shinkansen zu beachtlichem Erfolg geführt haben, begannen sie sich schon Anfang der sechziger Jahre mit den neuen, zukunftsorientierten Verkehrssystemen zu beschäftigen. Dahinter stand damals weniger der Exportgesichtspunkt, als die von den Verkehrsprognosen der damaligen Zeit genährte Befürchtung, auch die eben neu gebaute Eisenbahn Tokio – Osaka könnte schon bald den Anforderungen nicht mehr genügen. So war auch eine Magnetbahn zwischen den beiden Städten Gegenstand der ersten Überlegungen. Obwohl sich die bestehenden Verkehrsmittel den Anforderungen bisher noch immer gewachsen gezeigt haben, gilt auch heute eine neue Schnellverbindung zwischen Tokio und Osaka durchaus als Ziel für die neunziger Jahre.

Daß die Japaner mittlerweile im Einsatz ihrer Magnetbahn auch im Ausland einen zusätzlichen Anreiz sehen, die Entwicklung weiterzutreiben, wurde spätestens durch eine ganzseitige Anzeige

77 Toshiba-Inserat im «Time Magazine» vom 14. September 1981: der schnellste Zug der Welt zwischen Bonn und Paris – aus Japan?

78 Vorführung des ML 100, eines der ersten japanischen Magnetschwebefahrzeuge mit elektrodynamischer Schwebetechnik. Diese Linie wird in Japan von den Staatseisenbahnen (JNR) verfolgt.

deutlich, die von Toshiba am 14. September 1981 im Time Magazine erschien: «The world fastest train could get you from Bonn to Paris faster than you can fly». Im Jahr darauf ließen die Japaner weitere großformatige Inserate in deutschen Tageszeitungen folgen. Dabei ist die eigene Entwicklung hier der japanischen bislang um mindestens einen Entwicklungsschritt voraus.

Etwa zehn Jahre nach den Staatsbahnen begann auch die japanische Fluggesellschaft Japan Air Lines (JAL) mit Forschung und Entwicklung auf dem Gebiet der unkonventionellen Schnellverkehrsmittel. Dabei standen im Mittelpunkt der Überlegungen bessere Flughafenverbindungen etwa zwischen Tokio und Narita oder Sapporo und dem Chitose Airport. Während sich die Fluggesellschaft für die elektromagnetische Schwebetechnik entschied, sieht die Bahn im elektrodynamischen Schweben mit supraleitenden Magnetspulen das aussichtsreichere System für den Schnellverkehr bis 500 km/h.

Entwicklung bei den Japanischen Staatsbahnen

Mit Studien an einer neuen Generation von Transportsystemen für hohe Geschwindigkeit hatten die Japanischen Staatsbahnen 1962 begonnen. Dabei wurden alle denkbaren Möglichkeiten untersucht, auch Rad-Schiene-Technik mit Linearmotorantrieb und die Luftkissentechnik. Nachdem sich die Untersuchungen auf das magnetische Schweben konzentriert hatten, wurden die abstoßenden Kräfte supraleitender Spulen als die am besten geeignete «Grundlage» für eine Schnellbahn betrachtet, weil damit leicht Abstände von zehn Zentimetern zwischen Fahrzeug und Fahrweg zu erreichen sind und stabile Kraftverhältnisse bestehen.

Erste Versuchsanlagen für das magnetische Schweben mit supraleitenden Spulen standen von 1970 an beim Eisenbahn-Forschungs-Institut der Japanischen Staatsbahnen zur Verfügung. Mit den hier gewonnenen Erkenntnissen entstanden 1972 zwei Versuchsfahrzeuge in dieser Technik: zunächst LSM 200 mit synchronem Langstator-, dann ML 100 mit asynchronem Kurzstator-Linearmotor. Wie zu Beginn der Studien bereits die Schwebesysteme, so wurden nun die Antriebsvarianten verglichen, wobei der lineare Synchronmotor aufgrund besseren Leistungsfaktors und Wirkungsgrades sowie des großen erreichbaren Luftspalts den Vorzug erhielt.

Das Versuchsfahrzeug ML 100, das zunächst der Kurzstatormotor-Erprobung gedient hatte, wurde anschließend auf Langstatorantrieb sowie Spurführung nach dem Nullflußprinzip umgerüstet und damit – unverkleidet – als ML 100 A bezeichnet. Bei diesem Führsystem dienen die im waagrechten Teil der Fahrbahn verlegten Reaktionsschleifen sowohl dem Antrieb wie der Führung; in Wechselwirkung mit den supraleitenden Magnetspulen auf dem Fahrzeug tritt eine Rückstellkraft auf, sobald sich das Fahrzeug aus der Mittellage – entsprechend null Fluß in den Magnetspulen – herausbewegt. Die Fahrbahn ließ sich damit entscheidend vereinfachen.

Aufbauend auf der Grundlagenforschung und den Modellversuchen im Railway Technical Research Institute setzten sich die Arbeiten ab Juli 1977 in einem umfangreichen Programm von Testfahrten auf der zuletzt etwa sieben Kilometer langen, größtenteils ebenen und geraden Versuchsanlage von Miyazaki auf der Insel Kiuschu fort.

Zunächst hatte die Fahrbahn den Querschnitt eines umgekehrten T. Darauf stellte das Versuchsfahrzeug ML 500 am 21. Dezember 1979 mit 517 km/h einen bis heute ungebrochenen Geschwindigkeitsrekord auf. Der Erfolg bestätigte die technische Machbarkeit einer Bahn mit supraleitenden Magnetspulen und abstoßenden Kräften für das Schwebesystem in Verbindung mit einem linearen Synchronmotor für die Fortbewegung.

Anschließend wurde die Fahrbahn – bereits im Hinblick auf die spätere praktische Anwendung – zu einem U-Profil umgestaltet. Trag-, Führ- und Antriebssystem blieben unverändert. Ab 1980 wurde ein neues Versuchsfahrzeug – MLU 001 – eingesetzt. Es bestand zunächst nur aus einer Sektion, im November 1981 folgte eine zweite und ein Jahr später die dritte; das damit vollständige Fahrzeug unternahm im September 1982 die ersten Fahrversuche mit Personen.

Entwicklung bei Japan Air Lines

Schnellere Verbindungen zwischen Flughäfen und Stadtzentren waren das Hauptziel der Japan Air

79 Zunächst hatte die Fahrbahn der JNR-Versuchsstrecke den Querschnitt eines umgekehrten T; darauf stellte das Versuchsfahrzeug ML 500 am 21. Dezember 1979 mit 517 km/h einen bisher ungebrochenen Geschwindigkeitsrekord auf.

80 Anschließend wurde die Fahrbahn umgebaut und erhielt U-förmiges Profil. Ab 1980 wurde darauf das neue, inzwischen dreiteilige Versuchsfahrzeug MLU 001 erprobt.

81 MLU 001 in der dreiteiligen Form während einer Versuchsfahrt auf der Teststrecke von Miyazaki.

82 Blick aus der Fahrbahnebene, der die U-Form besonders anschaulich macht.

83 «Startvorbereitung» an dem flugzeugähnlichen Versuchsfahrzeug HSST 01 der Fluggesellschaft Japan Air Lines (JAL), die sich in Japan vor allem für Flughafenzubringer die elektromagnetische Schwebetechnik zunutze machen möchte.

84 Auf der «Expo '85» in Tsukuba fährt das dritte Magnetschwebefahrzeug der JAL, HSST 03, im Ausstellungsgelände.

85 HSST 01 während seiner Rekordfahrt am 14. Februar 1978, bei der mit 187,5 Meilen pro Stunde mehr als 300 km/h erreicht wurden.

Lines, als sie sich Anfang 1974 vor dem Hintergrund äußerst unbefriedigender Zubringerdienste zum neuen internationalen Flughafen von Tokio in Narita mit den unkonventionellen Schnellbahnen zu beschäftigen begannen. Die Wahl fiel auf die elektromagnetische Schwebetechnik, die aus den Vorstudien als meistversprechende Lösung für diesen Anwendungszweck hervorgegangen war.

Bereits wenig später begann der Bau des ersten Versuchsfahrzeugs HSST 01 (High Speed Surface Transport), mit dem die technischen Probleme des magnetischen Schwebens erkundet und Daten über Linearmotoren bei hohen Geschwindigkeiten gesammelt werden sollten. Am Abend des 22. Dezember 1975 unternahm das Fahrzeug seine Jungfernfahrt auf der ersten, nur 200 Meter langen Teststrecke bei Sugita, auf der allerdings nur etwa 35 km/h möglich waren.

Als größere Versuchsanlage entstand deshalb bei Higashi Ogishima, auf neu gewonnenem Gelände an der Tokio-Bay in Kawasaki, eine insgesamt 1600 Meter lange Teststrecke, im Hangar beginnend,

86 Innenansicht des HSST 03 für die Expo '85 in Tsukuba.

rund tausend Meter gerade, dann etwa dreihundert Meter durch eine Kurve mit 2000 Meter Radius und anschließend abermals dreihundert Meter geradeaus führend und schließlich nach den letzten hundert Metern in einem Bogen mit 280 Meter Radius auslaufend. Im Bogen mit dem großen Radius, der im hohen Geschwindigkeitsbereich liegt, erhielt die Fahrbahn 8,5 Grad Querneigung. Steigungen waren nicht vorhanden.

Am 14. Februar 1978 erreichte HSST 01 mit 187,5 Meilen je Stunde die angestrebte Höchstgeschwindigkeit von mehr als 300 km/h. Aus den Versuchsergebnissen zog das Projektierungsteam rasch den Schluß, daß es auch bei der kommerziellen Version der HSST-Technik in der Zukunft keine nennenswerten technischen Probleme geben dürfte.

Wenige Monate später, im Mai 1978, konnte schon das zweite, bereits zur Personenbeförderung eingerichtete Testfahrzeug HSST 02 der Öffentlichkeit vorgestellt werden. Danach wurden beide Fahrzeuge zu den Versuchen herangezogen: HSST 01 in erster Linie für Schnellfahrten teils mit Linearmotorantrieb allein, teils mit zusätzlichen Strahltriebwerken für hohe Anfahrbeschleunigung, HSST 02 dagegen mehr als Demonstrationsfahrzeug, in dem Interessenten auch mitfahren konnten. Bis zum Abschluß der Versuche im April 1981 wurden rund 3400 Passagiere befördert. Beide Fahrzeuge befinden sich inzwischen im National Science Museum in Tokio, die Versuchsstrecke ist abgebaut, über das Gelände führt eine neue Autobahn.

Ursprünglich war vorgesehen, weitgehend auf westdeutsche Entwicklungen zurückzugreifen. Unterschiedliche Zielvorstellungen führten dann jedoch auf eigene Wege. Für das Führsystem bedienten sich die JAL jedoch einer Lizenz von Krauss-Maffei in der Bundesrepublik Deutschland.

Zuletzt entstand in Zusammenarbeit mit der Sumitomo Electric Company das Demonstrationsfahrzeug HSST 03, das 1985 auf einer etwa 400 Meter langen Strecke auf der Exportausstellung von Tsukuba, 60 Kilometer nördlich von Tokio, fahren soll und dabei neben zwei «Piloten» 44 Personen Platz bieten wird.

Den nächsten Schritt soll dann ein anwendungsnahes Fahrzeug aus zwei Sektionen bilden, das 120 Sitzplätze enthält und auf einem der endgültigen Konstruktion entsprechenden Fahrweg bis zu 300 km/h erreichen kann.

Wenig bekannt: Entwicklung in Rumänien

Ein eigenes Entwicklungskonzept für unkonventionelle Verkehrsmittel verfolgt seit Anfang der siebziger Jahre Rumänien. Dabei geht es einerseits um Nahverkehrstechnik unter dem Namen Rom-U-Lim (Roumanien-Urban-Linear induction motor) mit Räderfahrzeugen und Linearmotorbetrieb, und zum anderen unter der Bezeichnung Magnibus (Magnetically levitated system with linear induction motors) um Schnellverkehrstechnik mit elektromagnetischem Schweben und ebenfalls Linearmotorantrieb.

Die Forschungs- und Entwicklungsarbeiten, zunächst in der Theorie, seit 1976 auch im Labor, obliegen den Polytechnischen Instituten von Timisoara und lasi. Aufgrund der günstigen Ergebnisse entstanden dort in Zusammenarbeit mit den Elektrotechnischen Werken Craiova zwei Versuchsfahrzeuge, Rom-U-Lim 01 und Magnibus 01, für beide auch kurze Versuchsstrecken. Auf der Railroad Conference in Erie, Pennsylvania, im April 1982 berichtete Prof. I. Boldea als Leiter des rumänischen Entwicklungsteams, eine erweiterte Stadtverkehrs-Version sei bereits im Entstehen, ein Hochgeschwindigkeitsfahrzeug Magnibus 02 mit 80 Sitzplätzen und für 300 km/h Höchstgeschwindigkeit in fortgeschrittenem Planungsstadium; mit dem Bau sei bis 1985 zu rechnen. Der 1983 aktualisierte Statusbericht nennt dieses konkrete Datum allerdings nicht mehr.

Magnibus 01 ist mit vier synchronen Kurzstator-Linearmotoren mit Eisen-Kern für integrierte Antriebs- und Tragfunktion sowie mit getrennt geregelten seitlichen Elektromagneten für die Führung ausgerüstet. Am Fahrweg sind beiderseits passive Reaktionsschienen aus Stahl angebracht, während auf dem Fahrzeug im selben elektromagnetischen System sowohl die Erregung für das berührungsfreie Schweben als auch das Wanderfeld für die Fortbewegung erzeugt wird.

Aus den Versuchsergebnissen wurde vor allem entnommen, daß Magnibus bezogen auf den Personenkilometer weniger wiegt, weniger Lärm macht und weniger Energie verbraucht als bestehende Systeme mit Rädern und rotierenden Antrieben sowie Flugzeuge im gleichen Geschwindigkeitsbereich. Den Rumänen erscheint das Magnibus-System als die günstigste Magnetschwebe-Variante, in erster Linie wegen der geringen Fahrwegkosten, aber auch wegen des hohen Wirkungsgrads des Linearmotorantriebs und der kombinierten Antriebs- und Schwebetechnik.

Sowjetunion zweifelt an Wirtschaftlichkeit

Daß die Sowjetunion schon in den Anfangsjahren der Magnetbahnentwicklung eigene Untersuchungen auch auf diesem Gebiet unternahm, ergibt sich beinahe zwangsläufig aus ihrer Stellung als Industriemacht mit enormer Ausdehnung und damit lebendigem Interesse an neuen Möglichkeiten, weite Entfernungen schneller und mit geringerem Energieaufwand zu überwinden.

Bisher hat es jedoch den Anschein, als seien sowjetische Experten nur einmal mit einem Magnetschwebefahrzeug schneller als mit 200 Stundenkilometern gefahren: als im Oktober 1976 eine sechsköpfige Delegation des Staatskomitees für Wissenschaft und Technik der UdSSR in der Bundesrepublik weilte, um sich hier über den Stand der Entwicklung zu informieren und dabei an einem Schnellfahrversuch mit dem «Transrapid 04» auf der Versuchsanlage von Krauss-Maffei in München-Allach teilnahm. Die Sowjets suchten damals nach weiteren Kooperationsmöglichkeiten, nachdem sie bereits seit 1974 in einer gemeinsamen sowjetisch-amerikanischen «Arbeitsgruppe für den Verkehr der Zukunft» mit dem Verkehrsministerium der USA zusammenarbeiteten.

Seit 1976 besteht ein Informationsaustausch auch mit der Bundesrepublik Deutschland. Er umfaßt den spurgebundenen Landverkehr insgesamt und schließt damit die Rad-Schiene-Technik ebenso ein wie die unkonventionellen Technologien. Bei ihren Besuchen in der Bundesrepublik zeigen die Fachleute aus der Sowjetunion zwar nach wie vor großes Interesse an den Fortschritten, wie sie vor allem auf der Transrapid-Versuchsanlage im Emsland deutlich werden. Die eigenen Aktivitäten der UdSSR auf dem Gebiet der Magnetschwebetechnik haben jedoch stark nachgelassen. Von einer engen Zusammenarbeit und einem Austausch von Fachleuten wie Ende der siebziger Jahre ist keine Rede mehr.

Damals bestand in der Sowjetunion die Absicht, die Entwicklung der im dortigen Sprachgebrauch sogenannten «Magnetoplane» für den Fern- und den Nahverkehr so voranzutreiben, daß diese neue Verkehrstechnik in den nächsten Fünf-Jahres-Plan von 1981 bis 1986 hätte aufgenommen werden können. Für die Forschungsarbeit zuständig war das Staatskomitee für Wissenschaft und Technik.

Für den Fernverkehr wurden Fahrzeuge für 400 km/h geplant. Sie sollten auf Entfernungen zwischen tausend und zweitausend Kilometern wirtschaftlicher sein als Eisenbahn und Flugzeug. Die zunächst sehr breit angelegten Untersuchungen der verschiedenen Schwebesysteme mit Permanentmagneten, supraleitenden Spulen und Elektromagneten konzentrierten sich bald auf die elektromagnetische Schwebetechnik in Verbindung mit asynchronen Kurzstator-Linearmotoren als Antrieb. Zur Energieversorgung wurden sowohl 1500 Volt Gleichspannung, als auch 6000 Volt Gleichspannung mit Wechselrichtern an Bord untersucht.

Die Nahverkehrsfahrzeuge sollten insbesondere auch der Verbindung von außerhalb gelegenen Flughäfen mit den Stadtzentren dienen und deshalb Geschwindigkeiten von 150 bis 200 km/h erreichen. Schwebetechnik und Antrieb entsprachen der Fernverkehrsversion. Ein Versuchszentrum für Nahverkehrsfahrzeuge bestand in Ramenskoje südöstlich von Moskau; es konnte 1979 von der deutschen Expertengruppe besichtigt werden.

Von den geplanten fünf Kilometern Versuchsstrecke waren zunächst zweihundert Meter im Bau, davon etwa sechzig bis achtzig Meter fertig. Darauf schwebte elektromagnetisch ein rund drei Tonnen schweres Versuchsfahrzeug, das von einem einseitigen Asynchron-Linearmotor bewegt wurde. Vorgesehen war damals eine erste Magnetbahn mit die-

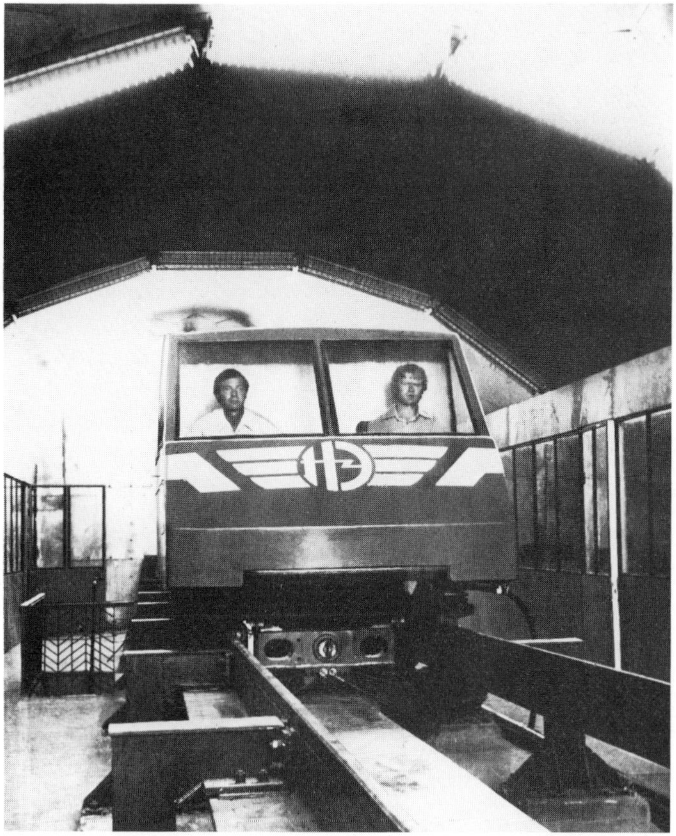

87/88 Auch in der Sowjetunion wird die Magnetschwebetechnik erprobt. In der aus wabenförmigen Elementen zusammengesetzten und aus mehreren Halbkugeln gebildeten Testhalle (oben) in der Lokomotivfabrik Nowotscherkask am Don wurde dieses Versuchsfahrzeug benützt.

ser Technik in Alma-Ata, der Hauptstadt Kasachstans. Die zwölf Kilometer lange Strecke sollte doppelspurig, aufgeständert und für 110 km/h dimensioniert sein, den im Südwesten gelegenen Wohnbezirk Orbita mit dem Hauptbahnhof im Zentrum verbinden und von Magnetzügen aus sechs Wagen befahren werden. Damit sollten stündlich bis zu 25000 Fahrgäste in jeder Richtung befördert werden können. Der schon für Anfang der achtziger Jahre angekündigte Bau wurde mehrfach verschoben und schließlich zugunsten einer konventionellen Metro aufgegeben. Für die Magnetbahn wurde Eriwan ins Auge gefaßt. Die Entwicklung für die Nahverkehrsversion lag hauptsächlich beim Institut Transprogress, das dem Ministerium für den Bau von Anlagen der Erdölindustrie angegliedert ist.

89 Auch diese Magnetbahn wurde in der Sowjetunion zu Versuchen benützt. Das schon 1980 veröffentlichte Bild erschien 1984 erneut mit dem Hinweis auf den bevorstehenden Bau einer ersten Nahverkehrsstrecke mit Magnetschwebetechnik.

Über Pläne und Versuche zum Fernverkehr berichteten 1979 Ingenieure des Allunions-Forschungsinstituts für den Bau elektrischer Lokomotiven, das dem Ministerium für Elektrotechnik angehört und seinen Sitz in der Lokomotivfabrik Nowotscherkask am Don hat. In einer etwa dreißig Meter langen Halle schwebte ein Prinzipfahrzeug, das vorwiegend zur Lösung grundsätzlicher Probleme der Magnetregelung diente. Diese Anlage und die Versuchsanordnung eines Langstator-Linearmotors mit Eisenrückschluß konnten 1981 von den deutschen Experten besichtigt werden.

Die bisherige Renommierstrecke Rußlands zwischen Moskau und Leningrad sollte der Rad-Schiene-Technik vorbehalten bleiben; dafür wurde der elektrische Schnelltriebwagen ER 200 entwickelt, der für 200 km/h konstruiert ist. Bei der Planung der Magnetschwebetechnik stand eine Schnellbahn von Moskau über Charkow nach Simferopol auf der Krim mit einem Abzweig von Rostow am Don nach Sotschi am Schwarzen Meer im Vordergrund. Hier müssen nach den Verkehrsprognosen Ende des Jahrhunderts für den Personenverkehr ohnehin neue Kapazitäten geschaffen werden.

Über Versuche mit supraleitenden Magneten, wie sie für ein elektrodynamisches Schwebesystem benötigt werden, berichtete 1977 die Hochschule für Eisenbahntechnik in Leningrad.

Auch zahlreiche weitere Institute waren Ende der siebziger Jahre mit der Magnetbahnentwicklung beschäftigt. Linearmotoren entwickelte dafür das Sonderkonstruktionsbüro des Stadtexekutivkomitees Kiew, das am meisten bekannt wurde und einen seiner Linearmotoren 1977 in Moskau ausstellte.

Offensichtlich erreichte die Entwicklung insgesamt jedoch nicht den nötigen Stand, um die neuen Verkehrstechniken bereits im Fünf-Jahres-Plan 1981 – 1986 verankern zu können. Außerdem wurden die Prioritäten im Verkehrsbereich offenbar neu gesetzt:

absoluten Vorrang hat der Rohrleitungstransport für Kohle und Erz, hohen Stellenwert auch die konventionelle Eisenbahntechnik. Das magnetische Schweben scheint zwar nicht aufgegeben zu sein, die Intensität der Entwicklung hat jedoch deutlich nachgelassen. Nach Angaben aus dem Jahr 1983 beschäftigt sich jetzt auch die Hochschule für Eisenbahntechnik Omsk mit der Magnetschwebetechnik.

Wo blieben die anderen?

Auch die USA, Kanada und Großbritannien hatten mit den neuen Schnellbahnen zunächst große Erwartungen verbunden. Sie orientierten sich jedoch zumeist an der Luftkissentechnik, deren augenscheinliche Erfolge in Frankreich ihren Eindruck nicht verfehlten.

So bestand Mitte der siebziger Jahre auch in den USA ein breitgefächertes Testprogramm mit Luftkissenfahrzeugen und Linearmotorantrieben für den spurgeführten Schnellverkehr. Die Versuche konzentrierten sich auf das staatliche Testzentrum in Pueblo im Bundesstaat Colorado. Forschungsarbeiten mit supraleitenden Spulen für ein elektrodynamisches Schwebesystem liefen am Stanford Research Institute, bei der Ford Motor Company und bei M.I.T. Obwohl die USA damals auch mit der Entwicklung der Magnetschwebetechnik in guter Position lagen, strich die staatliche Eisenbahnbehörde Federal Railroad Administration Ende der siebziger Jahre das gesamte Förderungsprogramm für neue Verkehrstechnologien, weil eine Stärkung der konventionellen Transportsysteme für nützlicher gehalten wurde. Auch das von Rohr entwickelte elektromagnetische People-Mover-System ROMAG mit integrierter Trag-, Führ- und Antriebsfunktion kam nirgends zur Anwendung.

Das Interesse der USA an der Magnetschwebetechnik ist indessen rege geblieben, wie die laufenden Studien für Los Angeles – Las Vegas oder Chicago – Milwaukee erkennen lassen. Inzwischen haben sich die Amerikaner allerdings damit abfinden müssen, daß sie dabei keine eigenen Entwicklungen einsetzen können, sondern auf deutsche oder allenfalls japanische zurückgreifen müssen.

Besonderes Interesse hat auch Kanada der Magnetschwebetechnik entgegengebracht. Die vielfältigen eigenen Untersuchungen konzentrierten sich auf Hochschulinstitute. Ein umfangreiches Testprogramm lief bei der Queen's University in Kingston, Ontario. Einen realistischen Bezug für die Aktivitäten boten immer die Verkehrsprobleme in dem rund 590 Kilometer langen Korridor Toronto – Ottawa – Montreal, für die sich Kanada von der Magnetschwebetechnik eine zweckmäßige Lösung versprach. Vor allem die elektrodynamische Variante mit supraleitenden Spulen, kombiniert mit einem eisenlosen synchronen Linearmotorantrieb erschien für die kanadischen Verhältnisse zweckmäßig. Ein kanadisches Unternehmen, CTF Systems Ltd., beschäftigt sich weiterhin mit der Fortentwicklung des Projekts.

In Großbritannien waren ebenfalls mehrere Universitätsinstitute mit Forschungsarbeiten für unkonventionelle Verkehrssysteme befaßte. Mit dem elektromagnetischen Schweben befaßte sich besonders die Universität von Sussex, mit der elektrodynamischen die Warwick Universität. Seit Einstellung der staatlichen Förderung für die Entwicklung des Luftkissenprojekts von Tracked Hovercraft wurden jedoch keine weiteren Versuchsfahrzeuge für hohe Geschwindigkeit mehr gebaut. Dennoch darf Großbritannien für sich in Anspruch nehmen, über die erste Magnetschwebebahn der Welt für den öffentlichen Dauerbetrieb zu verfügen: sie fährt als «Shuttle» zwischen Flughafen und Bahnhof in Birmingham auf einer etwa 600 Meter langen Strecke. Das Trag- und Führsystem der Fahrzeuge beruht auf der von Krauss-Maffei entwickelten Technik mit seitlich versetzten Magneten, die sowohl die Trag- als auch die Führfunktion übernehmen. Übrigens hatte sich Krauss-Maffei auch selbst schon Anfang der siebziger Jahre mit Nahverkehrsanwendungen der Magnetschwebetechnik beschäftigt. In München-Allach gab es für das Kabinenbahnsystem «Transurban» sogar eine größere Versuchsanlage, die im Frühjahr 1973 in Betrieb genommen wurde. Nach erfolgversprechendem Beginn – die Regierung der kanadischen Provinz Ontario hatte den Bau einer vier Kilometer langen Demonstrationsanlage in Toronto bekanntgegeben und in Heidelberg lief eine Studie – wurden die Arbeiten schon 1974 wieder eingestellt.

In Japan arbeitet eine Vereinigung von Unternehmen der Eisenbahnindustrie ebenfalls an einer Magnetbahn für den Nahverkehr. Eine Teststrecke besteht in Tukimino bei Yamato in der Präfektur Kanagawa. Die Japanischen Staatsbahnen (JNR) favorisieren neuerdings Luftreifen als Trag- und Führsystem für eine Vorortbahn mit Linearmotorantrieb.

90 Die erste Magnetbahn für den öffentlichen Dauerbetrieb wurde 1984 zwischen Bahnhof und Flughafen Birmingham in England in Betrieb genommen.

91 Luftbild der Magnetbahn in Birmingham: oben der Flughafen, unten der Bahnhof, ganz rechts unten der Übergang zum Messegelände.

Erste Magnetbahn auf Dauer

In der mittelenglischen Industriestadt Birmingham liegen der Flughafen und der Bahnhof mit dem Ausstellungszentrum nahe beieinander, aber doch nicht nahe genug, um sich dazwischen einfach mit Fußwegen begnügen zu können. Die Frage der Verkehrsanbindung wurde beim Neubau des Terminal-Gebäudes akut, da die Eisenbahn mit ihren günstigen Anschlüssen im Regional- und Fernverkehr auch für den Flughafen eine wesentliche Rolle spielt.

Auf der Suche nach dem geeigneten Verkehrsmittel fiel die Wahl auf eine Magnetbahn mit Kabinen, die vollautomatisch und ohne Personal fahren kann. Die Kabinen sind vollkommen geschlossen, die Passagiere also gegen Witterungseinflüsse geschützt. Die Kabinentüren öffnen sich nach dem Halten gleichzeitig mit den Zugangstüren am Bahnsteig automatisch. Die Höchstgeschwindigkeit auf der rund 620 Meter langen Strecke beträgt 26 Meilen pro Stunde, umgerechnet knapp 42 km/h.

An den Fahrzeugen sind beiderseits je zwei regelbare Tragmagnete angebracht, die mit den Reaktionsschienen beiderseits des T-förmigen Fahrwegs in Wechselwirkung stehen. Die Seitenführung wird durch leicht versetzte Magnetanordnung in Verbindung mit entsprechender Regeltechnik erreicht. Die Magnetkraft ist stets so geregelt, daß auch bei unterschiedlicher Kabinenbelastung der vorgesehene Luftspalt von etwa 15 Millimetern eingehalten bleibt. Antrieb und Bremsen übernimmt ein in der Mitte unter den Fahrzeugen angeordneter Kurzstator-Linearmotor. Die Energie wird mit 600 Volt Gleichspannung von Stromschienen abgenommen

92/93 Die M-Bahn, die in Berlin errichtet wird, wurde im Gelände der Technischen Universität Braunschweig erprobt. Das System benützt Permanentmagnete für die Tragfunktion und Rollen zur Seitenführung sowie einen Langstator-Linearmotor für den Antrieb.

und auf den Fahrzeugen in Drehstrom variabler Spannung und Frequenz umgewandelt.

Die Strecke ist aufgeständert und zweigleisig. Damit wird weder der Verkehr zu ebener Erde beeinträchtigt, noch sind besondere Sicherheitsvorkehrungen auf der Bahn selbst notwendig, da es keine Berührungspunkte zwischen beiden Richtungsfahrbahnen gibt. Die Kabinen, die auch zu zweit gekuppelt eingesetzt werden können, zeichnen sich durch klare, einfache Formgebung aus, bieten Platz für 30 Personen mit Gepäck oder 48 Personen allein und pendeln ständig zwischen Bahnhof und Flughafen. Nachts oder in sonst verkehrsschwachen Zeiten kann auch auf Anrufverkehr geschaltet werden; dann wird eine Kabine erst auf Anforderung durch Knopfdruck in Bewegung gesetzt. Das System bleibt jedoch rund um die Uhr betriebsbereit. Die Fahrtdauer beträgt nur 90 Sekunden, die längste Wartezeit zwei Minuten. Die Planung geht von 420000 Fahrten im Jahr aus, im Schnitt 48 in jeder Stunde; umgekehrt bedeutet das durchschnittlich alle 1,25 Minuten eine Fahrt. Am 30. Mai 1984 erwies Königin Elizabeth II. der Kabinenbahn die Ehre ihres Besuchs; anschließend wurde ein Probebetrieb aufgenommen.

Zum Bau der «Birmingham Airport Maglev» haben sich die People Mover Group als Konsortium von sieben vorwiegend einheimischen Unternehmen und der Grafschaftsrat der West Midlands zusammengefunden; der People Mover Group in St. Albans gehören die General Electric-Gruppe mit vier Gesellschaften, Brush Electrical Machines, Balfour Beatty Power Construction und Metro-Cammell an. In erster Linie Beraterfunktion haben die Britischen Eisenbahnen, in deren Technischem Zentrum in Derby das Testfahrzeug vor den Fahrten auf der dortigen Versuchsstrecke eingehend erprobt wurde. Diese Strecke enthielt auch eine Kurve mit nur acht Meter Radius und eine Steigung von 50‰.

Berlin erhält eine M-Bahn

Die M-Bahn, abgekürzt für Magnetbahn, stellt ebenfalls eine automatische Kabinenbahn dar, die jedoch auf besonders einfache und damit kostengünstige Fahrzeuge abzielt. Dabei wird, um den Aufwand gering zu halten, für gewisse Funktionen bewußt Mechanik mit Rollen eingesetzt.

Der grundlegende Vorteil der M-Bahn liegt darin, daß die Kabinen weder tragende Räder noch Antriebsmotoren brauchen. Damit läßt sich ihr Gewicht gegenüber konventionellen Fahrzeugen vergleichbaren Fassungsvermögens auf etwa die Hälfte reduzieren, so daß zu ihrer Fortbewegung auch die Hälfte an installierter Leistung ausreicht und der Fahrweg – in Beton oder Stahl – ebenfalls geringer dimensioniert werden kann. Energiezufuhr über Stromschienen und Schleifkontakte ist nicht nötig; der in den Fahrweg verlegte synchrone Langstator-Linearmotor in Form eines einfachen Drehstromkabels sorgt mit seinem Wanderfeld für ausreichende Antriebskraft.

Die Tragfunktion übernehmen Permanentmagnete, die von unten anziehend auf die entsprechenden Teile des Fahrwegs wirken. Zur Steuerung der Magnetkräfte dient ein Mechanismus mit kleinen Rollen, die auf den Schienen laufen. Damit wird die Größe des Luftspalts in Abhängigkeit vom Gesamtgewicht des Fahrzeugs mechanisch eingestellt. Zur Seitenführung dienen ebenfalls kleine Rollen. Die Permanentmagnete tragen nicht nur das Fahrzeuggewicht, sondern liefern auch das Erregerfeld für den Langstatormotor. Für diese Doppelfunktion ist somit keine Energie nötig. Das gesamte System gilt als ebenso einfach, billig und robust wie sicher und umweltfreundlich.

Der von Götz Heidelberg gegründeten Magnetbahn GmbH in Starnberg gehört auch AEG-Telefunken an; von dort kommt insbesondere das automatische Betriebsführungssystem. Ein zentraler Prozeßrechner steuert den gesamten Betriebsablauf nach einem vorgegebenen Programm; die Sicherheit des Fahrbetriebes wird durch ein getrenntes Zugsicherungssystem gewährleistet. An der Realisierung des Vorhabens sind neben der Magnetbahn-Gesellschaft auch die Berliner Verkehrsbetriebe (BVG) und die Studiengesellschaft Nahverkehr beteiligt.

Nach mehrjährigen Entwicklungs- und Erprobungsarbeiten im Gelände der Technischen Universität Braunschweig wurde am 16. Juni 1983 in Berlin der Grundstein für die erste kommerzielle M-Bahn gelegt. Sie soll in zwei Bauabschnitten erstellt werden und den U-Bahnhof Gleisdreieck mit dem Kulturviertel am Kemperplatz verbinden. Die erste Teilstrecke von 600 Meter war im Frühjahr 1984 fertig; sie liegt auf der Trasse der seit 1961 stillgelegten U-Bahn Richtung Potsdamer Platz, die mit dem Bau der Grenzmauer zwischen West- und Ostberlin unterbrochen wurde. Die vorgesehene Gesamtstrecke der M-Bahn ist 1600 Meter lang.

Der Versuchsbetrieb zur Erprobung und technischen Zulassung des neuen Magnetschwebeantriebs hat im Frühjahr 1984 begonnen; bis 1986 sollen beide Abschnitte fertig sein. Dann soll sich ein zweijähriger Probebetrieb mit Fahrgästen anschließen.

Obwohl die M-Bahn nicht ganz «radlos» fährt, zählt sie mit ihrer permanentmagnetischen Trag- und Antriebstechnik zu den fortschrittlichen Kabinenbahnsystemen; die Reduzierung des technischen Aufwands kommt ihrer Wirtschaftlichkeit und Zuverlässigkeit zugute.

Technische Daten für Luftkissen- und Magnetschwebefahrzeuge

Frankreich

Fahrzeug-Bezeichnung:
Aérotrain Expérimental 01

Hersteller des Fahrzeugs:
Société de l'Aérotrain
Hersteller der Antriebsausrüstung:

Baujahr: 1965
Tag der Inbetriebnahme

Fahrzeug

Länge		m
Breite		m
Höhe		m
Eigengewicht leer		t
Nutzlast		t
Höchstes Gesamtgewicht		t
Anzahl der Plätze für Personen:		

Trag- und Führsystem:
Luftkissen

Schwebehöhe (Luftspalt)		mm

Antrieb: Luftschraube

Antriebsleistung		kW
Maximale Antriebskraft		kN
Maximale Anfahrbeschleunigung		ms^{-2}
Nenngeschwindigkeit		km/h
Erreichte Spitzengeschwindigkeit	345	km/h
am		

Teststrecke: Gometz-la Ville

Fahrweg

Länge		m
Material des Fahrwegs		
Höhe der Aufständerung	0	m
Kleinster Kurvenradius		m

Frankreich

Fahrzeug-Bezeichnung:
Aérotrain Expérimental 02

Hersteller des Fahrzeugs:
Société de l'Aérotrain
Hersteller der Antriebsausrüstung:

Baujahr: 1968
Tag der Inbetriebnahme

Fahrzeug		
Länge	8,30	m
Breite	2,45	m
Höhe	1,72	m
Eigengewicht leer		t
Nutzlast		t
Höchstes Gesamtgewicht	2,38	t
Anzahl der Plätze für Personen:	2	

Trag- und Führsystem:
Luftkissen

Schwebehöhe (Luftspalt)		mm

Antrieb: Strahltriebwerk

Antriebsleistung		kW
Maximale Antriebskraft		kN
Maximale Anfahrbeschleunigung		ms^{-2}
Nenngeschwindigkeit	400	km/h
Erreichte Spitzengeschwindigkeit am 22. Januar 1969	422	km/h

Teststrecke: Gometz-la Ville

Fahrweg		
Länge	6700	m
Material des Fahrwegs Bituminöser Beton		
Höhe der Aufständerung	0	m
Kleinster Kurvenradius		m

Frankreich

Fahrzeug-Bezeichnung:
Aérotrain 250–80 «Orléans» / I 80 HV

Hersteller des Fahrzeugs:
Société de l'Aérotrain
Hersteller der Antriebsausrüstung:
Pratt and Whitney

Baujahr: 1969 / 1973
(Umbau aus 250–80)
Tag der Inbetriebnahme

Fahrzeug		
Länge	25,6 / 30,5	m
Breite	3,2	m
Höhe	3,3	m
Eigengewicht leer	9,5 / 13,5	t
Nutzlast	10,5	t
Höchstes Gesamtgewicht	20,0 / 24,0	t
Anzahl der Plätze für Personen:	80	

Trag- und Führsystem:
Luftkissen (Flächenstrahler)

Schwebehöhe (Luftspalt)	3	mm

Antrieb:
Ummantelte Luftschraube / Strahltriebwerk

Antriebsleistung		kW
Maximale Antriebskraft	23	kN
Maximale Anfahr-beschleunigung	0,8	ms^{-2}
Nenngeschwindigkeit	250/360	km/h
Erreichte Spitzen-geschwindigkeit am 6. März 1974	300/428	km/h

Teststrecke: Orléans

Fahrweg		
Länge	18500	m
Material des Fahrwegs	Beton	
Höhe der Aufständerung	5	m
Kleinster Kurvenradius	2000	m

Frankreich

Fahrzeug-Bezeichnung:
Aérotrain Suburbain 180–44

Hersteller des Fahrzeugs:
Société de l'Aérotrain
Hersteller der Antriebsausrüstung:
Le Moteur Linear (LML)

Baujahr: 1969
Tag der Inbetriebnahme

Fahrzeug

Länge	14,4	m
Breite	3,1	m
Höhe	2,8	m
Eigengewicht leer	8,4	t
Nutzlast	3,6	t
Höchstes Gesamtgewicht	12	t
Anzahl der Plätze für Personen:	40 bis 44	

Trag- und Führsystem:
Luftkissen (Flächenstrahler)
Schwebehöhe (Luftspalt) 3 mm
Antrieb:
Asynchron-Kurzstator-Linearmotor

Antriebsleistung	400	kW
Maximale Antriebskraft		kN
Maximale Anfahrbeschleunigung		ms^{-2}

Nenngeschwindigkeit	170/200	km/h
Erreichte Spitzengeschwindigkeit		km/h
am		

Teststrecke: Gometz-la-Ville

Fahrweg

Länge	3000	m
Material des Fahrwegs		
Höhe der Aufständerung	0	m
Kleinster Kurvenradius		m

Großbritannien

Fahrzeug-Bezeichnung: RTV 31

Hersteller des Fahrzeugs:
Tracked Hovercraft Ltd.
Hersteller der Antriebsausrüstung:
English Electric-AEI Traction Ltd.

Baujahr:
Tag der Inbetriebnahme

Fahrzeug		
Länge	22,2	m
Breite	3,7	m
Höhe	3,8	m
Eigengewicht leer	23	t
Nutzlast		t
Höchstes Gesamtgewicht	23	t
Anzahl der Plätze für Personen:	keine	

Trag- und Führsystem:
Luftkissen (Ringstrahler)[1]

Schwebehöhe (Luftspalt)	10[2]	mm

Antrieb:
Asynchron-Kurzstator-Linearmotor

Antriebsleistung	740	kW
Maximale Antriebskraft	31	kN
Maximale Anfahrbeschleunigung	1,35	ms^{-2}

Nenngeschwindigkeit	480[3]	km/h
Erreichte Spitzengeschwindigkeit	25	km/h
am		

Teststrecke:
Earith bei Cambridge

Fahrweg		
Länge	4800	m
Material des Fahrwegs	Beton	
Höhe der Aufständerung	3[4]	m
Kleinster Kurvenradius		m

1) Zwei Trag-, zweimal drei Führungskissen
2) seitlich 15 mm
3) 300 mph
4) Gesamthöhe des Fahrbalkens über Boden 6 m

Italien

Fahrzeug-Bezeichnung: I.A.P. 2

Hersteller des Fahrzeugs:
Instituto Aeronautica Palermo (I.A.P.)
Hersteller der Antriebsausrüstung:

Baujahr: 1969
Tag der Inbetriebnahme

Fahrzeug		
Länge	8,0	m
Breite	3,5	m
Höhe		m
Eigengewicht leer	1,3	t
Nutzlast	0,5	t
Höchstes Gesamtgewicht	1,8	t
Anzahl der Plätze für Personen:	3[1]	

Trag- und Führsystem:
Luftkissen

Schwebehöhe (Luftspalt)	18 bis 20	mm

Antrieb: Luftschraube

Antriebsleistung	115[2]	kW
Maximale Antriebskraft		kN
Maximale Anfahrbeschleunigung		ms^{-2}
Nenngeschwindigkeit		km/h
Erreichte Spitzengeschwindigkeit		km/h
am		

Teststrecke:
Universität Palermo

Fahrweg		
Länge	200	m
Material des Fahrwegs	Beton	
Höhe der Aufständerung	0	m
Kleinster Kurvenradius		m

[1] Führer und zwei Mitfahrer
[2] 150 HP

Italien

Fahrzeug-Bezeichnung: I.A.P. 3

Hersteller des Fahrzeugs:
Instituto Aeronautica Palermo (I.A.P.)
Hersteller der Antriebsausrüstung:

Baujahr: 1969
Tag der Inbetriebnahme

Fahrzeug		
Länge	13,2	m
Breite	3,1	m
Höhe	2,7	m
Eigengewicht leer		t
Nutzlast		t
Höchstes Gesamtgewicht	9,5	t
Anzahl der Plätze für Personen:	20	

Trag- und Führsystem:
Luftkissen

Schwebehöhe (Luftspalt)		mm

Antrieb: Asynchron-Kurzstator-Linearmotor

Antriebsleistung	450	kW
Maximale Antriebskraft		kN
Maximale Anfahrbeschleunigung		ms^{-2}
Nenngeschwindigkeit	250	km/h
Erreichte Spitzengeschwindigkeit		km/h
am		

Teststrecke: Militärflughafen
Tapani-Milo (Sizilien)

Fahrweg		
Länge	600	m
Material des Fahrwegs	Beton	
Höhe der Aufständerung	0	m
Kleinster Kurvenradius		m

USA

Fahrzeug-Bezeichnung:
Tracked Air Cushion Vehicle (TACV) M–60

Hersteller des Fahrzeugs:
Rohr Industries / Societe Bertin
Hersteller der Antriebsausrüstung:

Baujahr:
Tag der Inbetriebnahme

Fahrzeug

Länge	28,7	m
Breite	3,3	m
Höhe	3,3	m
Eigengewicht leer	22	t
Nutzlast	8	t
Höchstes Gesamtgewicht	30	t
Anzahl der Plätze für Personen:	60	

Trag- und Führsystem:
Luftkissen (Flächenstrahler)[1), 2)]

Schwebehöhe (Luftspalt)	3	mm

Antrieb: Asynchron-Kurzstator-Linearmotor

Antriebsleistung		kW
Maximale Antriebskraft	50	kN
Maximale Anfahrbeschleunigung		ms^{-2}

Nenngeschwindigkeit	240[3)]	km/h
Erreichte Spitzengeschwindigkeit	275	km/h
am		

Teststrecke: Chula Vista (Rohr-Werkgelände), DoT-Testcenter Pueblo

Fahrweg

Länge		m
Material des Fahrwegs	Beton	
Höhe der Aufständerung	0	m
Kleinster Kurvenradius		m

[1)] Lizenz Aerotrain
[2)] Seitenführung mit Rollen an der in Fahrbahnmitte angeordneten Reaktionsschiene für den Linearmotor
[3)] 150 mph

USA

Fahrzeug-Bezeichnung:
Tracked Levitated Research Vehicle (TLRV)

Hersteller des Fahrzeugs:
Grumman Aerospace Corp.
Hersteller der Antriebsausrüstung:
Garrett Corp.[1] / Pratt and Whitney[2]

Baujahr: 1972
Tag der Inbetriebnahme: 1973

Fahrzeug		
Länge	15,2	m
Breite		m
Höhe		m
Eigengewicht leer		t
Nutzlast		t
Höchstes Gesamtgewicht	26,8	t
Anzahl der Plätze für Personen:		

Trag- und Führsystem:
Luftkissen (Ringstrahler)[3]

Schwebehöhe (Luftspalt)	19	mm

Antrieb: 2 Asynchron-Kurzstator-Linearmotoren[4]
3 Gasturbinen[5]

Antriebsleistung		kW
Maximale Antriebskraft	33,4	kN
Maximale Anfahrbeschleunigung	1,25	ms^{-2}

Nenngeschwindigkeit	500	km/h
Erreichte Spitzengeschwindigkeit am	480	km/h

Teststrecke:
DoT-Testcenter Pueblo

Fahrweg		
Länge	4800[6]	m
Material des Fahrwegs	Beton	
Höhe der Aufständerung	0	m
Kleinster Kurvenradius		m

[1] Linearmotoren
[2] Gasturbinen
[3] je vier Trag- und Führkissen
[4] zwei wassergekühlte Doppelkamm-Linearmotoren
[5] drei Gasturbinen zur Lufterzeugung für die Luftkissen, zum Teil als Zusatzantrieb genutzt; Schub hierfür 8,8 kN
[6] Oval mit 33,8 km Länge geplant, jedoch nicht ausgeführt; Fahrbahnform U-förmiger Kanal mit 3,66 m Breite

Brasilien

Fahrzeug-Bezeichnung: FEI

Hersteller des Fahrzeugs:
Research Vehicle Department, Sao Paulo
Hersteller der Antriebsausrüstung:

Baujahr:
Tag der Inbetriebnahme:

Fahrzeug		
Länge	15,5	m
Breite	2,3	m
Höhe	2,9	m
Eigengewicht leer	3	t
Nutzlast	2,9	t
Höchstes Gesamtgewicht	5,9	t
Anzahl der Plätze für Personen:	20	

Trag- und Führsystem:
Luftkissen

Schwebehöhe (Luftspalt)		mm

Antrieb: 2 Strahltriebwerke

Antriebsleistung		kW
Maximale Antriebskraft		kN
Maximale Anfahrbeschleunigung		ms^{-2}

Nenngeschwindigkeit	320[1]	km/h
Erreichte Spitzengeschwindigkeit am		km/h

Teststrecke:

Fahrweg		
Länge	4800	m
Material des Fahrwegs	Beton	
Höhe der Aufständerung	0	m
Kleinster Kurvenradius		m

[1] 200 mph

USA

Fahrzeug-Bezeichnung:
TTI Personal Rapid Transit System (TTI-PRT)

Hersteller des Fahrzeugs:
Transportation Technology Inc (TTI) / Otis Elevator Comp / Hovair[1]
Hersteller der Antriebsausrüstung:

Baujahr: 1972
Tag der Inbetriebnahme: 1972

Fahrzeug

Länge	4,4	m
Breite	2,3	m
Höhe	2,5	m
Eigengewicht leer		t
Nutzlast		t
Höchstes Gesamtgewicht		t
Anzahl der Plätze für Personen:	6/10/12[2]	

Trag- und Führsystem:
Luftkissen (Ringstrahler)[3]

Schwebehöhe (Luftspalt)		mm

Antrieb: Asynchron-Kurzstator-Linearmotoren

Antriebsleistung		kW
Maximale Antriebskraft		kN
Maximale Anfahrbeschleunigung	0,76	ms^{-2}

Nenngeschwindigkeit	50[4]	km/h
Erreichte Spitzengeschwindigkeit am		km/h

Teststrecke: Dulles-Airport[5]

Fahrweg

Länge	335[6]	m
Material des Fahrwegs:		
Höhe der Aufständerung	0	m
Kleinster Kurvenradius		m

1) Luftkissen
2) Projekt-Varianten
3) 10 Kissen
4) 30 mph
5) Ausstellung «Transport '72», Dulles-Airport, Washington DC, 27. Mai – 4. Juni 1972
6) 1100 foot

USA

Fahrzeug-Bezeichnung: ROMAG TM

Hersteller des Fahrzeugs
Rohr Industries Inc.
Hersteller der Antriebsausrüstung:

Baujahr: 1971/1973
Tag der Inbetriebnahme:
6. März 1971/März 1973

Fahrzeug

Länge		m
Breite		m
Höhe		m
Eigengewicht leer		t
Nutzlast		t
Höchstes Gesamtgewicht		t
Anzahl der Plätze für Personen:	12/6	

Trag- und Führsystem:
elektromagnetisch[1]
Schwebehöhe (Luftspalt) 25[2] mm
Asynchron-Kurzstator-Linearmotor

Antriebsleistung	kW
Maximale Antriebskraft	kN
Maximale Anfahrbeschleunigung	ms^{-2}

Nenngeschwindigkeit	km/h
Erreichte Spitzengeschwindigkeit	km/h
am	

Teststrecke: Chula Vista
(Rohr Werkgelände)/
Dulles-Airport[3]

Fahrweg

Länge	18 m[4]/150	m[5]
Material des Fahrwegs:		
Höhe der Aufständerung	0	m
Kleinster Kurvenradius		m

1) Integrierte Trag-, Führ- und Antriebsfunktion
2) 1 inch
3) Ausstellung «Transport '72», Dulles-Airport, Washington DC, 27. Mai – 4. Juni 1972
4) 60 foot
5) 500 foot, dazu 400 foot Ausweiche

Bundesrepublik Deutschland

Fahrzeug-Bezeichnung:
Prinzipfahrzeug

Hersteller des Fahrzeugs:
Messerschmitt-Bölkow-Blohm (MBB)
Hersteller der Antriebsausrüstung:
MBB

Baujahr: 1971
Tag der Inbetriebnahme:
2. April 1971[1]

Fahrzeug		
Länge	7,6	m
Breite	2,1	m
Höhe	1,8	m
Eigengewicht leer	5,2	t
Nutzlast	0,6	t
Höchstes Gesamtgewicht	5,8	t
Anzahl der Plätze für Personen:	4[2]	

Trag- und Führsystem:
elektromagnetisch[3]

Schwebehöhe (Luftspalt)	10	mm

Antrieb: Asynchron-Kurzstator-Linearmotor[4]

Antriebsleistung	200	kW
Maximale Antriebskraft	10	kN
Maximale Anfahrbeschleunigung	1,4	ms^{-2}

Nenngeschwindigkeit	85	km/h
Erreichte Spitzengeschwindigkeit	90	km/h

Verbleib:
Deutsches Museum, München

Teststrecke: Werkgelände
Ottobrunn bei München[5]

Fahrweg

Länge	660	m

Material des Fahrwegs:
Stahl auf Holzschwellen

Höhe der Aufständerung	0	m
Kleinster Kurvenradius	∞	m

1) offizielle Inbetriebnahme 6. Mai 1971
2) beim «Tag der offenen Tür» 1971 fuhren 14 Personen mit
3) Trag- und Führfunktion getrennt, Magnete starr am Fahrzeug
4) 12 mm starke Aluminium-Reaktionsschiene
5) 1976 abgebaut und verschrottet

Bundesrepublik Deutschland

Fahrzeug-Bezeichnung:
Komponentenmeßträger (Komet)

Hersteller des Fahrzeugs:
Messerschmitt-Bölkow-Blohm (MBB)
Hersteller der Antriebsausrüstung:
MBB, Flugzeugwerke Emmen (Schweiz)

Baujahr: 1974
Tag der Inbetriebnahme:
Januar 1975

Fahrzeug

Länge	8,5 m
Breite	2,5 m
Höhe	1,5 m
Eigengewicht leer	8,8 t
Nutzlast	0,2 t
Höchstes Gesamtgewicht	9,0[1] t

Trag- und Führsystem:
elektromagnetisch[2]

Schwebehöhe (Luftspalt)	14[3] mm

Antrieb: ohne; von Schubschlitten «Daniel» beschleunigt[4]

Maximale Antriebskraft[5]	500 kN
Maximale Anfahrbeschleunigung	25 ms^{-2}
Nenngeschwindigkeit	400 km/h
Erreichte Spitzengeschwindigkeit	401,3 km/h

am 19. Februar 1976

Verbleib: Lathen (Emsland)

Teststrecke: Militärflugplatz Manching bei Ingolstadt[6]

Fahrweg

Länge	1 300[7] m

Material des Fahrwegs:
Stahl

Höhe der Aufständerung	1,0 m
Kleinster Kurvenradius	∞ m

[1] nach Umrüstung auf «Komet M» 11 t
[2] Trag- und Führfunktion getrennt, bei «Komet» Magnete starr, bei «Komet M» über Blatt- und Tellerfedern am Fahrzeug
[3] bei «Komet M» 8 mm
[4] Schubschlitten auf Kufen, Leergewicht 5,4 t, Antrieb durch sechs Heißwasserraketen mit je 800 l Wasser, Betriebsdruck vor dem Start 55 bar
[5] Schubschlitten
[6] 1978 abgebaut
[7] 300 m Beschleunigungs-, 300 m Meß- und 700 m Bremsstrecke

Bundesrepublik Deutschland

Fahrzeug-Bezeichnung: HMB 2

Hersteller des Fahrzeugs:
Thyssen Industrie AG Henschel
Hersteller der Antriebsausrüstung:
Thyssen Industrie AG Henschel

Baujahr: 1974
Tag der Inbetriebnahme:
20. Dezember 1974

Fahrzeug		
Länge	5,3	m
Breite	1,65	m
Höhe	1,8	m
Eigengewicht leer	1,6	t
Nutzlast	0,35	t
Höchstes Gesamtgewicht	1,95	t
Anzahl der Plätze für Personen	4	

Trag- und Führsystem:
elektromagnetisch

Schwebehöhe (Luftspalt)	8,5	mm

Antrieb: Synchron-Langstator-Linearmotor mit Eisen

Antriebsleistung	120	kVA
Maximale Antriebskraft	2	kN
Maximale Anfahrbeschleunigung	0,9	ms^{-2}
Nenngeschwindigkeit	25	km/h
Erreichte Spitzengeschwindigkeit	36	km/h

Verbleib: Landesmuseum Hessen, Kassel

Teststrecke: Henschel-Werk Mittelfeld, Kassel[1)]

Fahrweg		
Länge	102	m
Material des Fahrwegs: Stahl		
Höhe der Aufständerung	1,3	m
Kleinster Kurvenradius	∞	m

1) 1981 abgebaut

Bundesrepublik Deutschland

Fahrzeug-Bezeichnung: LSV 301

Hersteller des Fahrzeugs
und der Antriebsausrüstung:
Institut für elektrische Maschinen der Technischen Universität Braunschweig[1]

Baujahr: 1975
Tag der Inbetriebnahme:
Dezember 1975

Fahrzeug		
Länge	3,2	m
Breite	2,2	m
Höhe	1,2	m
Eigengewicht leer	2,0	t
Nutzlast	0,2	t
Höchstes Gesamtgewicht	2,2	t
Anzahl der Plätze für Personen	2	

Trag- und Führsystem:
elektromagnetisch[2]

Schwebehöhe (Luftspalt)	15	mm

Antrieb: Synchron-Langstator-Linearmotor mit Eisen

Antriebsleistung	11	kVA
Maximale Antriebskraft	2	kN
Maximale Anfahrbeschleunigung	0,9	ms^{-2}

Nenngeschwindigkeit[3]	20	km/h

Teststrecke: Versuchshalle des Universitätsinstituts

Fahrweg		
Länge	30	m
Material des Fahrwegs: Stahl		
Höhe der Aufständerung	2,5	m
Kleinster Kurvenradius	∞	m

[1] Laborfahrzeug
[2] in den Langstatormotor integriert
[3] im Laborbetrieb

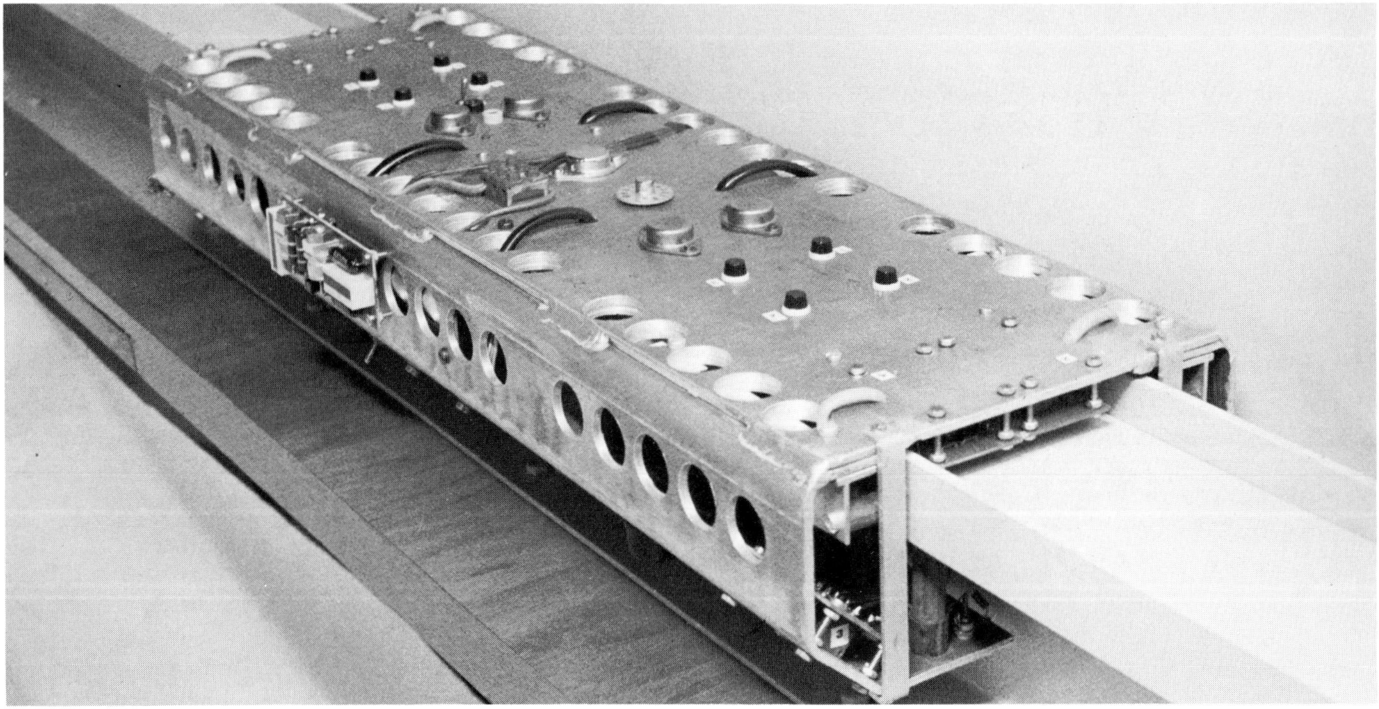

Bundesrepublik Deutschland

Fahrzeug-Bezeichnung:
Transrapid 01

Hersteller des Fahrzeugs
Krauss-Maffei AG[1]
Hersteller der Antriebsausrüstung:
Krauss-Maffei AG

Baujahr: 1970
Tag der Inbetriebnahme: 1970

Fahrzeug		
Länge	0,6	m
Breite	0,2	m
Höhe		m
Eigengewicht leer		t
Nutzlast		t
Höchstes Gesamtgewicht	0,05	t

Trag- und Führsystem:
elektromagnetisch

Schwebehöhe (Luftspalt)	mm

Antrieb: Asynchron-
Kurzstator-Linearmotor

Antriebsleistung	kW
Maximale Antriebskraft	kN
Maximale Anfahrbeschleunigung	ms^{-2}

Nenngeschwindigkeit	km/h

Verbleib:
Krauss-Maffei, München

Teststrecke: transportabel

Fahrweg		
Länge	3,3	m
Material des Fahrwegs: Stahl		
Höhe der Aufständerung	1	m
Kleinster Kurvenradius	∞	m

[1] Modell zur Demonstration des magnetischen Schwebens

Bundesrepublik Deutschland

Fahrzeug-Bezeichnung:
Transrapid 02

Hersteller des Fahrzeugs
Krauss-Maffei AG
Hersteller der Antriebsausrüstung:
AEG-Telefunken / Merlin & Gerin

Baujahr: 1971
Tag der Inbetriebnahme:
6. Oktober 1971

Fahrzeug

Länge	11,7	m
Breite	2,9	m
Höhe	2,4	m
Eigengewicht leer	10,7	t
Nutzlast	0,6	t
Höchstes Gesamtgewicht	11,3	t
Anzahl der Plätze für Personen	8	

Trag- und Führsystem:
elektromagnetisch[1)]

Schwebehöhe (Luftspalt)	15	mm

Antrieb: Asynchron-Kurzstator-Linearmotor

Antriebsleistung		kW
Maximale Antriebskraft	31	kN
Maximale Anfahrbeschleunigung		ms^{-2}

Nenngeschwindigkeit	150	km/h
Erreichte Spitzengeschwindigkeit	164	km/h

Verbleib:
Krauss-Maffei, München

Teststrecke: Werkgelände
München-Allach

Fahrweg

Länge	930	m
Material des Fahrwegs: Beton		
Höhe der Aufständerung	0	m
Kleinster Kurvenradius	800	m

1) Trag- und Führfunktion kombiniert

Bundesrepublik Deutschland

Fahrzeug-Bezeichnung:
Transrapid 03

Hersteller des Fahrzeugs:
Krauss-Maffei AG
Hersteller der Antriebsausrüstung:
Merlin & Gerin

Baujahr: 1972
Tag der Inbetriebnahme:
16. August 1972

Fahrzeug
Länge 11,7 m
Breite 2,9 m
Höhe 2,5 m
Eigengewicht leer 8,0 t
Nutzlast 2,0 t
Höchstes Gesamtgewicht 10,0 t
Anzahl der Plätze für Personen 4[1]

Trag- und Führsystem:
Luftkissen
Schwebehöhe (Luftspalt) 3 mm
Antrieb: Asynchron-Kurzstator-Linearmotor

Antriebsleistung kW
Maximale Antriebskraft 29 kN
Maximale Anfahrbeschleunigung 2 ms^{-2}

Nenngeschwindigkeit 150 km/h
Erreichte Spitzengeschwindigkeit 140 km/h

Verbleib: verschrottet

Teststrecke: Werkgelände München-Allach

Fahrweg
Länge 930 m
Material des Fahrwegs: Beton
Höhe der Aufständerung 0 m
Kleinster Kurvenradius 800 m

1) in der Meßkabine

Bundesrepublik Deutschland

Fahrzeug-Bezeichnung:
Transrapid 04

Hersteller des Fahrzeugs
Krauss-Maffei AG
Hersteller der Antriebsausrüstung:
AEG-Telefunken

Baujahr: 1973
Tag der Inbetriebnahme:
20. Dezember 1973

Fahrzeug

Länge	15,0	m
Breite	3,4	m
Höhe	2,8	m
Eigengewicht leer	18,5	t
Nutzlast	1,5	t
Höchstes Gesamtgewicht	20,0	t
Anzahl der Plätze für Personen	20	

Trag- und Führsystem:
elektromagnetisch[1)]

Schwebehöhe (Luftspalt)	12	mm

Antrieb: Asynchron-Kurzstator-Linearmotor

Antriebsleistung		kW
Maximale Antriebskraft	36,3	kN
Maximale Anfahrbeschleunigung		ms^{-2}

Nenngeschwindigkeit	250	km/h
Erreichte Spitzengeschwindigkeit am 21. November 1977	253,2	km/h

Verbleib:
Krauss-Maffei, München

Teststrecke: Werkgelände München-Allach

Fahrweg

Länge	2400	m
Material des Fahrwegs: Beton und Stahl		
Höhe der Aufständerung	4,5	m
Kleinster Kurvenradius	800	m

1) Trag- und Führfunktion kombiniert

Bundesrepublik Deutschland

Fahrzeug-Bezeichnung:
Transrapid 05

Hersteller des Fahrzeugs
Transrapid E.M.S.
Hersteller der Antriebsausrüstung:
Thyssen Industrie AG Henschel / Brown, Boveri & Cie

Baujahr: 1979
Tag der Inbetriebnahme: 17. Mai 1979

Fahrzeug		
Länge	26,2	m
Breite	3,1	m
Höhe	3,4	m
Eigengewicht leer	30,8	t
Nutzlast	5,2	t
Höchstes Gesamtgewicht	36,0	t
Anzahl der Plätze für Personen	68	

Trag- und Führsystem:
elektromagnetisch[1)]

Schwebehöhe (Luftspalt)	10	mm

Antrieb: Synchron-Langstator-Linearmotor mit Eisen

Antriebsleistung	570	kW
Maximale Antriebskraft	28	kN
Maximale Anfahrbeschleunigung	0,8	ms^{-2}
Nenngeschwindigkeit	75	km/h

Verbleib: Thyssen-Henschel, Kassel

Einsatz: Internationale Verkehrs-Ausstellung (IVA '79), Hamburg

Fahrweg		
Länge	908	m
Material des Fahrwegs: Stahl		
Höhe der Aufständerung	5,5	m
Kleinster Kurvenradius	1800	m

[1)] Trag- und Führfunktion getrennt

Bundesrepublik Deutschland

Fahrzeug-Bezeichnung:
Transrapid 06

Hersteller des Fahrzeugs
Transrapid E.M.S.
Hersteller der Antriebsausrüstung:
AEG-Telefunken, Brown, Boveri & Cie, Siemens AG, Thyssen Industrie AG Henschel

Baujahr: 1983
Tag der Inbetriebnahme: Juni 1983

Fahrzeug

Länge	54,2	m
Breite	3,7	m
Höhe	4,2	m
Eigengewicht leer	102,4	t
Nutzlast	20,0	t
Höchstes Gesamtgewicht	122,4	t
Anzahl der Plätze für Personen	192[1]	

Trag- und Führsystem:
elektromagnetisch[2]

Schwebehöhe (Luftspalt)	10	mm

Antrieb: Synchron-Langstator-Linearmotor mit Eisen

Antriebsleistung		kW
Maximale Antriebskraft	85	kN
Maximale Anfahrbeschleunigung	0,8	ms^{-2}
Nenngeschwindigkeit	400	km/h

Teststrecke: Transrapid-Versuchsanlage im Emsland

Fahrweg

Länge	31500[3]	m
Material des Fahrwegs: Beton und Stahl		
Höhe der Aufständerung	5–6	m
Kleinster Kurvenradius	1000[4]	m

[1] 4 weitere Plätze für Bedienungspersonal
[2] Trag- und Führfunktion getrennt
[3] Gesamtlänge der Transrapid-Versuchsanlage Emsland; erster Bauabschnitt 20300 m
[4] in der Südschleife (zweiter Bauabschnitt); im ersten Bauabschnitt kleinster Kurvenradius 1690 m

Bundesrepublik Deutschland

Fahrzeug-Bezeichnung:
Erlanger Erprobungs-Träger
(EET 01/02)

Hersteller des Fahrzeugs: M.A.N.
Hersteller der Antriebsausrüstung:
AEG-Telefunken, Brown, Boveri & Cie /
Siemens AG, Brown, Boveri & Cie

Baujahr: 1973
Tag der Inbetriebnahme:
. November 1974

Fahrzeug

Länge	12,3 m
Breite	3,8 m
Höhe	1,75 m
Eigengewicht leer	12,0/11,0 t
Nutzlast	5,0/3,0 t
Höchstes Gesamtgewicht	17,0/14,0 t

Anzahl der Plätze für Personen 2[1]

Trag- und Führsystem:
elektrodynamisch[2]
Schwebehöhe (Luftspalt) 100[3]mm
Antrieb: EET 01 Asynchron-Kurzstator-Linearmotor
EET 02 Eisenloser Synchron-Langstator-Linearmotor

Antriebsleistung	1600/600 kW
Maximale Antriebskraft	50/ 20 kN
Maximale Anfahrbeschleunigung	1,8/1,4 ms^{-2}

Nenngeschwindigkeit	140/130 km/h
Erreichte Spitzengeschwindigkeit[4]	230/175 km/h

Verbleib: verschrottet

Teststrecke: Rundkurs beim Siemens-Forschungszentrum in Erlangen[5]

Fahrweg

Länge	880[6]m
Material des Fahrwegs: Beton	
Höhe der Aufständerung	0 m
Kleinster Kurvenradius	140[7]m

[1] für Personal; Testbetrieb in der Regel jedoch unbemannt
[2] abstoßende Magnetkräfte supraleitender Spulen, bei EET 02 luftbereifte Räder
[3] EET 02 zur Erprobung des Langstator-Linearmotors mit Räderlaufwerk
[4] Schnellfahrt mit 230 km/h am 6. Februar 1975
[5] 1980 abgebaut
[6] Neigungswinkel 45° nach innen
[7] kreisförmige Strecke mit 140 m Radius

Japan

Fahrzeug-Bezeichnung:
ML 100 / ML 100 A[1]

Hersteller des Fahrzeugs:
Hitachi, Toshiba, Mitsubishi
Hersteller der Antriebsausrüstung:
Hitachi, Toshiba, Mitsubishi

Baujahr: 1972
Tag der Inbetriebnahme: 1972/1975

Fahrzeug

Länge	7,0	m
Breite	2,5	m
Höhe	2,2	m
Eigengewicht leer	3,5	t
Nutzlast		t
Höchstes Gesamtgewicht		t
Anzahl der Plätze für Personen	4	

Trag- und Führsystem:
elektrodynamisch
Schwebehöhe (Luftspalt) 100 mm
Antrieb: Asynchron-Kurzstator-Linearmotor / Eisenloser Synchron-Langstator-Linearmotor

Antriebsleistung	550[2]	kVA
Maximale Antriebskraft	20	kN
Maximale Anfahrbeschleunigung	1,5	ms^{-2}

Nenngeschwindigkeit	60	km/h
Erreichte Spitzengeschwindigkeit	60	km/h

Verbleib: Railway Technical Research Institute der JNR

Teststrecke: Railway Technical Research Institute in Tokio

Fahrweg

Länge	480	m
Material des Fahrwegs: Beton		
Höhe der Aufständerung	0	m
Kleinster Kurvenradius	∞	m

[1] ML 100 von Asynchron-Kurzstator-LIM auf Synchron-Langstator umgerüstet; ML 100 A nur Chassis ohne Aufbau

[2] noch zwei weitere LIM-Typen mit 305- und 265 kVA wurden getestet

Japan

Fahrzeug-Bezeichnung: ML 500

Hersteller des Fahrzeugs:
Hitachi, Toshiba, Mitsubishi
Hersteller der Antriebsausrüstung:
Hitachi, Toshiba, Mitsubishi

Baujahr: 1976/1977
Tag der Inbetriebnahme:
Juli 1977

Fahrzeug

Länge	13,5	m
Breite	3,7	m
Höhe	2,7	m
Eigengewicht leer	10,0	t
Nutzlast	–	t
Höchstes Gesamtgewicht	10,0	t
Anzahl der Plätze für Personen	–	

Trag- und Führsystem:
elektrodynamisch[1]

Schwebehöhe (Luftspalt)	100	mm

Antrieb: Synchron-Langstator-Linearmotor

Antriebsleistung	9,6	kW
Maximale Antriebskraft	43	kN
Maximale Anfahrbeschleunigung	3,2	ms^{-2}

Nenngeschwindigkeit	500	km/h
Erreichte Spitzengeschwindigkeit am 21. Dezember 1979	512	km/h

Verbleib: Miyazaki Maglev Test Center

Teststrecke: Miyazaki Maglev Test Center (Insel Kiuschu)

Fahrweg

Länge	7000	m

Material des Fahrwegs: Beton

Höhe der Aufständerung	8–11	m
Kleinster Kurvenradius	10000	m

[1] Antrieb und Führsystem nach dem «Null-Fluß-Prinzip» kombiniert

Japan

Fahrzeug-Bezeichnung: ML 500 R[1]

Hersteller des Fahrzeugs:
Hitachi, Toshiba, Mitsubishi
Hersteller der Antriebsausrüstung:
Hitachi, Toshiba, Mitsubishi

Baujahr: 1979
Tag der Inbetriebnahme:

Fahrzeug

Länge	12,6	m
Breite	3,7	m
Höhe	3,8	m
Eigengewicht leer	12,7	t
Nutzlast	–	t
Höchstes Gesamtgewicht	12,7	t
Anzahl der Plätze für Personen	–	

Trag- und Führsystem:
elektrodynamisch[2]
Schwebehöhe (Luftspalt) 100 mm
Antrieb: Synchron-Langstator-Linearmotor

Antriebsleistung	9,6	kW
Maximale Antriebskraft	43	kN
Maximale Anfahrbeschleunigung	2,5	ms^{-2}

Nenngeschwindigkeit	200	km/h
Erreichte Spitzengeschwindigkeit am 6. November 1979	201	km/h

Verbleib: Miyazaki Maglev Test Center

Teststrecke: Miyazaki Maglev Test Center (Insel Kiuschu)

Fahrweg

Länge	4700	m
Material des Fahrwegs: Beton		
Höhe der Aufständerung	8–11	m
Kleinster Kurvenradius	∞	m

[1] Helium-Rückkühlung an Bord
[2] Antrieb und Führsystem nach dem «Null-Fluß-Prinzip» kombiniert

Japan

Fahrzeug-Bezeichnung: MLU 001[1)]

Hersteller des Fahrzeugs:
Hitachi, Toshiba, Mitsubishi
Hersteller der Antriebsausrüstung:
Hitachi, Toshiba, Mitsubishi

Baujahr: 1980/82
Tag der Inbetriebnahme:
MLU 001-1: November 1980
MLU 001-3: November 1981
MLU 001-2: November 1982

Fahrzeug	
Länge	28,8[2)] m
Breite	3,0 m
Höhe	3,3 m
Eigengewicht leer	30,0[2)] t
Nutzlast	2,4 t
Höchstes Gesamtgewicht	32,4 t

Anzahl der Plätze für Personen	32[2)]

Trag- und Führsystem:
elektrodynamisch[3)]
Schwebehöhe (Luftspalt) 100 mm
Antrieb: Synchron-Langstator-Linearmotor

Antriebsleistung	9,6 kW
Maximale Antriebskraft	153[4)] kN
Maximale Anfahrbeschleunigung	3,9 ms^{-2}

Nenngeschwindigkeit	220[5)] km/h
Erreichte Spitzengeschwindigkeit am 2. August 1983	400[6)] km/h

Teststrecke: Miyazaki Maglev Test Center (Insel Kiuschu)

Fahrweg	
Länge	7000 m
Material des Fahrwegs: Beton	
Höhe der Aufständerung	8–11 m
Kleinster Kurvenradius	10000 m

1) Fahrzeug aus drei Sektionen: Endwagen-Mittelwagen-Endwagen
2) Dreiteiliger Zug
3) Antrieb und Führsystem nach dem «Null-Fluß-Prinzip» kombiniert
4) je Sektion 51 kN
5) Dreiteiliger Zug, Einzelsektion v_{max} 400 km/h
6) Einzelsektion

Japan

Fahrzeug-Bezeichnung: HSST 01

Hersteller des Fahrzeugs:
Japan Air Lines
Hersteller der Antriebsausrüstung:
Japan Air Lines

Baujahr: 1975
Tag der Inbetriebnahme:
22. Dezember 1975

Fahrzeug

Länge	4,2	m
Breite	2,6	m
Höhe	1,1	m
Eigengewicht leer	1,0	t
Nutzlast	–	t
Höchstes Gesamtgewicht	1,0	t
Anzahl der Plätze für Personen	–	

Trag- und Führsystem:
elektromagnetisch

Schwebehöhe (Luftspalt)	10	mm

Antrieb: Asynchron-Kurzstator-Linearmotor[1)]

Antriebsleistung	200	kVA
Maximale Antriebskraft	3,4	kN
Maximale Anfahrbeschleunigung	2,9	ms^{-2}

Nenngeschwindigkeit	300	km/h
Erreichte Spitzengeschwindigkeit am 14. Februar 1978	307,8	km/h

Verbleib: National Science Museum, Tokio

Teststrecke: Sugita/Higashi Ogishima in Kawasaki bei Tokio

Fahrweg

Länge	200 / 1600	m

Material des Fahrwegs:
Beton und Stahl

Höhe der Aufständerung	0,7	m
Kleinster Kurvenradius	∞/280	m

1) in Verbindung mit Strahltriebwerk

Japan

Fahrzeug-Bezeichnung: HSST 02

Hersteller des Fahrzeugs:
Japan Air Lines
Hersteller der Antriebsausrüstung:
Japan Air Lines

Baujahr: 1977
Tag der Inbetriebnahme:
15. Februar 1978

Fahrzeug

Länge	6,8	m
Breite	2,0	m
Höhe	1,75	m
Eigengewicht leer	1,8	t
Nutzlast	0,46	t
Höchstes Gesamtgewicht	2,26	t
Anzahl der Plätze für Personen	7[1)]	

Trag- und Führsystem:
elektromagnetisch

Schwebehöhe (Luftspalt)	10	mm

Antrieb: Asynchron-Kurzstator-Linearmotor[1]

Antriebsleistung	200	kVA
Maximale Antriebskraft	3	kN
Maximale Anfahrbeschleunigung	0,56	ms^{-2}

Nenngeschwindigkeit	100	km/h
Erreichte Spitzengeschwindigkeit		km/h

Verbleib: National Science Museum, Tokio

Teststrecke: Higashi Ogishima in Kawasaki bei Tokio

Fahrweg

Länge	1 300	m

Material des Fahrwegs:
Beton und Stahl

Höhe der Aufständerung	0,7	m
Kleinster Kurvenradius	280	m

1) 2 weitere Plätze für Bedienungspersonal

Japan

Fahrzeug-Bezeichnung: HSST 03

Hersteller des Fahrzeugs:
Tokyo Car Co. Ltd.
Hersteller der Schwebetechnik:
Japan Air Lines
Hersteller des Antriebs und der Sicherungssysteme:
Sumitomo Denko K.K.

Baujahr: 1983
Tag der Inbetriebnahme: 1984[1]

Fahrzeug

Länge	13,8	m
Breite	2,95	m
Höhe	3,0	m
Eigengewicht leer	12,0	t
Nutzlast	3,0	t
Höchstes Gesamtgewicht	15,0	t
Anzahl der Plätze für Personen	45[2]	

Trag- und Führsystem:
elektromagnetisch

Schwebehöhe (Luftspalt)	10	mm

Antrieb: Asynchron-Kurzstator-Linearmotor

Antriebsleistung	400	kVA
Maximale Antriebskraft	11,4	kN
Maximale Anfahrbeschleunigung	0,58	ms^{-2}
Nenngeschwindigkeit	30	km/h
Erreichte Spitzengeschwindigkeit		km/h

Einsatz: Tsukuba Expo '85 in Tsukuba City

Fahrweg

Länge	367	m

Material des Fahrwegs:
Beton und Stahl

Höhe der Aufständerung	1,2	m
Kleinster Kurvenradius	∞	m

1) erster Schwebetest 16. März 1984, Beginn der Versuchsfahrten Juli 1984, offizielle Inbetriebnahme zur Eröffnung der Ausstellung 1985

2) 2 weitere Plätze für Bedienungspersonal

Bundesrepublik Deutschland

Fahrzeug-Bezeichnung:
Transurban 03 (TU 03)

Hersteller des Fahrzeugs:
Krauss-Maffei AG
Hersteller der Antriebsausrüstung:
Conz; Brown, Boveri & Cie

Baujahr: 1974
Tag der Inbetriebnahme:
8. April 1974

Fahrzeug

Länge	7,9	m
Breite	2,0	m
Höhe	2,95	m
Eigengewicht leer	12,3	t
Nutzlast	1,0	t
Höchstes Gesamtgewicht	13,1	t
Anzahl der Plätze für Personen	12	

Trag- und Führsystem:
elektromagnetisch[1]

Schwebehöhe (Luftspalt)	12	mm

Antrieb: Asynchron-Kurzstator-Linearmotor

Antriebsleistung		kVA
Maximale Antriebskraft	13	kN
Maximale Anfahrbeschleunigung	1	ms^{-2}

Nenngeschwindigkeit	60	km/h
Erreichte Spitzengeschwindigkeit	73	km/h

Verbleib: verschrottet

Teststrecke: Werkgelände München-Allach

Fahrweg

Länge	500[2]	m

Material des Fahrwegs: Beton

Höhe der Aufständerung	0–4	m
Kleinster Kurvenradius	57	m

[1] Trag- und Führfunktion kombiniert
[2] Oval mit geneigtem Fahrweg

Japan

Fahrzeug-Bezeichnung:
Electro Magnetic Lavitation EML-50[1)]

Hersteller des Fahrzeugs:
Japan Railways Technology Association[2)]
Hersteller der Antriebsausrüstung:

Baujahr: 1975
Tag der Inbetriebnahme:

Fahrzeug

Länge	2,8	m
Breite	1,7	m
Höhe		m
Eigengewicht leer	1,8	t
Nutzlast		t
Höchstes Gesamtgewicht		t
Anzahl der Plätze für Personen		

Trag- und Führsystem:
elektromagnetisch

Schwebehöhe (Luftspalt)	15	mm

Antrieb: Asynchron-Kurzstator-Linearmotor

Antriebsleistung		kW
Maximale Antriebskraft		kN
Maximale Anfahrbeschleunigung		ms^{-2}

Nenngeschwindigkeit[3)]	30	km/h
Erreichte Spitzengeschwindigkeit	40	km/h
am		

Teststrecke: Tukimino, Yamato City, Präfektur Kanagawa

Fahrweg

Länge	165	m

Material des Fahrwegs: Stahl

Höhe der Aufständerung	0	m
Kleinster Kurvenradius	∞	m

1) Nahverkehrssystem, Zugbildung mit zehn Wagen vorgesehen, darin Platzkapazität 120 Personen
2) in Zusammenarbeit mit dem Ministerium für Verkehr gebaut von Hitachi Ltd., Tokyo, Shibaura Electric Co Ltd. und Mitsubishi Electric Corp.
3) bei Anwendung 150 km/h vorgesehen

Großbritannien

Fahrzeug-Bezeichnung:
Birmingham Maglev

Hersteller des Fahrzeugs:
People Mover Group
Hersteller der Antriebsausrüstung:
People Mover Group

Baujahr: 1983
Tag der Inbetriebnahme:
Mai 1984

Fahrzeug

Länge	6,0	m
Breite	2,25	m
Höhe	3,3	m
Eigengewicht leer	5,1	t
Nutzlast	2,9	t
Höchstes Gesamtgewicht	8,0	t
Anzahl der Plätze für Personen	8	

Trag- und Führsystem:
elektromagnetisch

Schwebehöhe (Luftspalt)	15	mm

Antrieb: Asynchron-Kurzstator-Linearmotor

Antriebsleistung	70	kVA
Maximale Antriebskraft	4,7	kN
Maximale Anfahrbeschleunigung	0,5	ms^{-2}
Nenngeschwindigkeit	40	km/h
Erreichte Spitzengeschwindigkeit	54	km/h

Einsatz: Verbindung Bahnhof – Flughafen in Birmingham

Fahrweg

Länge	620	m

Material des Fahrwegs:
Beton und Stahl

Höhe der Aufständerung	5	m
Kleinster Kurvenradius	40	m

Bundesrepublik Deutschland

Fahrzeug-Bezeichnung:
M 40–1 / M 70–2

Hersteller des Fahrzeugs:
Magnetbahn GmbH
Hersteller der Antriebsausrüstung:
AEG-Telefunken

Baujahr: 1976 / 1980
Tag der Inbetriebnahme:
Oktober 1976 / Mai 1980

Fahrzeug		
Länge	6,3 / 12,0	m
Breite	2,1 / 2,3	m
Höhe	2,1 / 2,3	m
Eigengewicht leer	4,0 / 8,0	t
Nutzlast	3,5 / 7,2	t
Höchstes Gesamtgewicht	7,5 / 15,2	t
Anzahl der Plätze für Personen	40–53 / 70–110[1]	

Tragsystem: permanentmagnetisch
Führsystem: Rollen
Schwebehöhe (Luftspalt) 14–28 mm
Antrieb: Synchron-Langstator-Linearmotor mit Eisen

Antriebsleistung		kVA
Maximale Antriebskraft	22	kN
Maximale Anfahrbeschleunigung	1,3	ms^{-2}

Nenngeschwindigkeit	80	km/h
Erreichte Spitzengeschwindigkeit	47	km/h

Teststrecke: Technische Universität Braunschweig
Einsatz: M-Bahn Berlin[2]

Fahrweg		
Länge	1600[3]	m
Material des Fahrwegs: Beton und Stahl		
Höhe der Aufständerung nach Erfordernis		m
Kleinster Kurvenradius	35	m

[1] je nach Auslegung
[2] Versuchsbetrieb ab 1984
[3] 1. Abschnitt 600 m

Anhang

Anschriften

Transrapid International, Steinsdorfstraße 13, 8000 München 22, Telefon (089) 23729-0

Bundesministerium für Forschung und Technologie, Referat 522, Postfach 200 07 06, 5300 Bonn 2, Telefon (0228) 59-1

Dornier System GmbH, Projektbegleitung Magnetbahn, Postfach 1420, 7990 Friedrichshafen, Telefon (07541) 209-293

Versuchs- und Planungsgesellschaft für Magnetbahnsysteme, Landsberger Straße 76, 8000 München 2, Telefon (089) 504001

Japan Air Lines, Tokyo Building, 2-7-3 Marunouchi Chiyoda Ku, Tokyo, Japan, Telefon (0081 3) 284 2112

Japanese National Railways, International Department, 6-5 Maru nouchi I-chome, Tokyo, Japan, Telefon (0081 3) 212 6311

Magnetbahn GmbH, Moosstraße 14, 8130 Starnberg, Telefon (08151) 773-0

People Mover Group, GEC Transportation Project Ltd. 45 Victoria Street, St. Albans, Hertfordshire AL 1 3UG, England, Telefon (0044 727) 33181

Otis Elevator Comp., Farmington, Connecticut, USA, Post Box 363, Telefon (001 203) 674 4000

Abkürzungen

ASB	Autoschienenbahn
BVG	Berliner Verkehrsbetriebe
Delsym	Doppelt erregter linearer Synchronmotor
Deu-Fra-Ko	Deutsch-Französische Kooperation
DFVLR	Deutsche Forschungs- und Versuchsanstalt für Luft- und Raumfahrt
DoT	Department of Transportation
eds	elektrodynamisches Schweben
EET	Erlanger Erprobungs-Träger
ems	elektromagnetisches Schweben
GBI	Gesellschaft für bahntechnische Innovationen
GRT	Group Rapid Transit
HSB	Hochleistungs-Schnellbahn
HSST	High Speed Surface Transport
IABG	Industrie-Anlagen-Betriebs-Gesellschaft
I.A.P.	Instituto Aeronautica Palermo
IRT	Institut de Recherche des Transports
JAL	Japan Air Lines
JNR	Japanese National Railways
LIM	Linearer Induktions-Motor
LML	Le Moteur Linear
Magnibus	Magnetically levitated system with linear induction motors
MBB	Messerschmitt-Bölkow-Blohm
MVP	Versuchs- und Planungsgesellschaft für Magnetbahnsysteme
pms	permanentmagnetisches Schweben
PRT	Personal Rapid Transit
Rom-U-Lim	Roumanien-Urban-Linear induction motor
SEL	Standard Elektrik Lorenz
TACV	Tracked Air Cushion Vehicle
TGV	Train à Grande Vitesse
TLRV	Tracked Levitated Research Vehicle
TRI	Transrapid International
TTI	Transportation Technology Inc.
TVE	Transrapid-Versuchsanlage Emsland
U-LIM-AS	Asynchroner Linearmotor an U-förmiger Reaktions-schiene
UMTA	Urban Mass Transportation Administration

Literaturhinweise

Neuartiger Schienenverkehr, Railway Truck and Structures, 11/1959, S. 40;

Der Levacar fährt auf Luft, Verkehr und Technik, 6/190, S. 159;

Schroeter, H.: Das französische Einschienen-Schnellbahnprojekt und seine Vorläufer, Leichtbau der Verkehrsfahrzeuge, 4/1960,

Böhm, H.: Luftkissenfahrzeug, Glasers Annalen 1/11962, S. 19; S. 195;

Schienengeführte Luftkissen-Triebfahrzeuge mit Fluggeschwindigkeit, Die Bundesbahn, 19/1962, S. 838;

L'Aérotrain, La Vie du Rail Nr. 1095, 7. 9. 1967, S. 6;

Le premier prototype d'exploitation de l'Aérotrain est construit, La Vie du Rail Nr. 1206, 17. 8. 1969, S. 4;

Transportation Technology Incorporated, Informationsschrift (engl.) mit Otis Elevator Company, Denver, Col. USA, 1970;

Rohr Industries modern transportation systems, Informationsschrift (engl.) der Rohr Industries Inc., Chula Vista, Calif. USA, 1972;

Technology in Transport – Application of new developments, Trakked Hovercraft Limited, London and Cambridge, 1972;

Transport-Magazin 5–6/1972, München, Sonderausgabe zur «transpo 72» (Dulles International Airport, Washington D.C., USA);

Althammer, K. H. und Münchschwander, P.: Versuchsanlagen für Verkehrstechniken, ZEV-Glasers Annalen, 1/1972, S. 8;

Europole-Schnellbahn? Das Parlament, Hamburg, 33/1973, S. 5;

Parlamentarier mit neuem Verkehrssystem abgestürzt, Briefe zur Verkehrspolitik, Bonn, 1/1974, S. 6;

Walter, H.: Erste Erfolge im Testzentrum Pueblo, VDI-Nachrichten, 6/1974, S. 14;

Atmospheric railway trials in Brazil, International Railway Journal, 8/1982, S. 53;

Ziegler, M. und Klemm, W.: Neue Nahverkehrssysteme, Bauverlag, Wiesbaden und Berlin, 1972;

Felz H. und Grabe, W.: Neue Verkehrssysteme im Personennahverkehr, Bauverlag, Wiesbaden und Berlin, 1974;

Kalb, H.: Die Systemstudie «Hochleistungsschnellbahn», Die Bundesbahn, 19/1969, S. 903;

Der Superzug, Deutsche Mark, Stuttgart, 6/1970, S. 30;

400 km/h mit Triebwagen-Zügen, Umschau in Wissenschaft und Technik, 1/1971, S. 17;

Hochleistungs-Schnellbahn für die Bundesrepublik, ETZ B, Berlin, 2/1971, S. 27;

Entwicklungslinien im zukünftigen Schnellverkehr, ETZ B, Berlin, 4/1971, S. 69;

Hedrich, S.-H.: Unkonventionelle Fernschnellbahnsysteme, ETZ B, Berlin, 3/1972, S. 47;

Transport Management, München, 12/1971–1/1972 (Überblick über Stand der Entwicklung);

HSB-Studie abgeliefert, MBB aktuell, 1/1972, S. 2;

Scholtis, G.: Schwebebahnen – System für den Verkehr der Zukunft, Die Lokomotivtechnik 6/1972, S. 57;

Simon, M.: Sicherheits- und Notbremssysteme für Magnetschwebe-Schnellbahnen, M.A.N.-Forschen, Planen, Bauen, 4/1973, S. 37;

Baier, W.: Kommt die Magnetschwebebahn zu spät? ETZ B, Berlin, 3/1974, S. 60;

Schwebend in die Zukunft, Aluskop, Düsseldorf, 1/1974, S. 3;

«Schweben in Höhe Null», Eisenbahntechnische Praxis, 2/1976, S. 38;

Rudzinski, K.: Keine Chance für die Magnetschwebebahn, Frankfurter Allgemeine Zeitung, 10. 3. 1976;

Magnetkissen-Luxus, Frankfurter Allgemeine Zeitung, 10. 3. 1976;

Himmelheber, M.: Entwicklungsvorhaben des Bundesministeriums für Forschung und Technologie, Scheidewege, Stuttgart, 3/1977;

HSB-Studiengesellschaft: Trassierung einer Strecke Hannover – Kassel für ein neuartiges Schnellbahnsystem und Vergleich mit einer Rad-Schiene-Trassierung, Bericht zu Förderungskennzeichen TV 7623, München, 1977;

Schweben – ein Traum, Frankfurter Allgemeine Zeitung, 6. 8. 1981;

Prioritäten falsch gesetzt, Voraus, Frankfurt/M., 10/1981;

Gelber Blitz (Bericht von der Vorstellung des MBB-Prinzipfahrzeugs), Der Spiegel, 20/1971, S. 165;

Aufbruch in eine neue Verkehrsära, MBB aktuell, 5/1971;

Entwicklung eines Schnelltransportsystems, Informationsschrift Messerschmitt-Bölkow-Blohm, o. J.;

1973 mit 400 km/h (Bericht über Grasbrunner Geräumt), MBB aktuell 7/1972, S. 1;

400 km/h und mehr sind das Ziel, MBB aktuell 3/1973, S. 3;

MBB-Prinzipfahrzeug für Magnetfeld-Fahrtechnik, Datenblatt;

Fabian, H.: Elektromagnet-Schwebetechnik mit getrennten Trag- und Führsystemen, Vortrag am 6. 11. 1973 vor DGLR-Symposium;

Kilian, F.-P.: Hochleistungsschnellbahn HSB, Vortrag 11/1973;

Personen-Schnelltransportsystem für Magnetfeld-Fahrtechnik, Eisenbahntechnische Praxis 3/1973, S. 30;

Schnellverkehrsversuche bei Manching, MBB aktuell, Sonderausgabe Juli 1974;

Für die Zukunft fahren, MBB aktuell, 11/1974, Beilage;

Die Fachwelt forscht nach dem Zug der Zukunft, DB-pressedienst 37/1971, S. 3;

Transrapid, Informationsblatt, Krauss-Maffei AG, o. J.;

Vorstellung der Transrapid-Versuchsanlage, ZEV-Glasers Annalen, 1/1972, S. 31;

Transrapid-e.m.s., Informationsschrift Krauss-Maffei und Messerschmitt-Bölkow-Blohm, 3/1975;

Transrapid über 200 km/h schnell – Komet erreichte Rekordgeschwindigkeit, MBB aktuell, 6/1975, S. 6;

Reister, D. und Zurek, R.: Entwicklungsstand der elektromagnetischen Schwebetechnik für eine Hochleistungs-Schnellbahn, Eisenbahntechnische Rundschau, 3/1976, S. 155;

Anwendung der elektromagnetischen Schwebetechnik (EMS) in Schnellbahnen, Informationsschrift der Transrapid-E.M.S., München, 3/1977;

Zurek, R. und Mölzer, P.: Trassierungselemente für Schnellbahnen

mit elektromagnetischer Schwebetechnik, Eisenbahntechnische Rundschau, 4/1977, S. 197;
Gottzein, E., Meisinger, R. und Miller, L.: Anwendung des «Magnetischen Rades» in Hochgeschwindigkeitsmagnetschwebebahnen ZEV-Glasers Annalen 5/1979, S. 227;
Erste Magnetschwebe-Ringbahn im Rohbau fertig, Eisenbahmagazin, 3/1973, S. 15;
Elektrodynamisches Schweben – Erlanger Erprobungsstrecke, Informationsschrift der Projektgruppe Magnetschwebebahn von AEG, BBC und Siemens, 3/1975;
Elektrodynamisches Schweben, Informationsschrift der Projektgruppe Magnetschwebebahn, 11/1976;
Wiegner, G.: Magnetschwebebahn – Stand der Erlanger Entwicklung, BBC-Nachrichten 3–4/1977, S. 117;
Lichtenberg, A.: Elektrodynamisches Schweben Schnellbahnsystem, Informationsschrift der Projektgruppe Magnetschwebebahn 8/1977;
Rogg, D. und Schulz, H.: Systementscheidung bei der Magnetschwebetechnik, Eisenbahntechn. Rundschau, 11/1978, S. 721;
Rossberg, R. R.: Magnetschwebebahn nach Afrika?, Eisenbahnmagazin 7/1973, S. 9;
Bundesrat: «Lex Donauried», Briefe zur Verkehrspolitik, Bonn, 33/1973, S. 1;
Wird das Donauried zubetoniert?, Landwirtschaftliches Wochenblatt, München, 27. April 1974;
Bedeutung der im Donauried zu errichtenden Versuchsanlage für Verkehrstechniken, Information der Gesellschaft für bahntechnische Innovationen, München, 5/1975;
Doch Versuchsanlage im Donauried? Bayerische Staatszeitung, München, 27. 6. 1975;
Geld taut die Front nicht auf, Landwirtschaftliches Wochenblatt München, 5. 7. 1975;
Das Magnetkissen läßt Bauern nicht ruhen, Süddeutsche Zeitung, München, 23. 9. 1976;
Protest im Donauried, Landwirtschaftliches Wochenblatt, München, 2. 10. 1976;
Neue Konzeption für Donauried-Anlage, MBB aktuell, 7–8/1975, S. 3;
Die frühen Jahre der Magnetbahn, Dornier System GmbH, Friedrichshafen, 1979;
Alscher, H. und Raschbichler H.-G.: Demonstrationsanlage für Magnetschwebetechnik zur Internationalen Verkehrsausstellung (IVA) 1979, Eisenbahntechnische Rundschau, 4/1979, S. 281;
Elektromagnetische Schnellverkehrssysteme (EMS), Transrapid-E.M.S., München, 5/1979;
Magnetschwebetechnik auf dem Weg zur Anwendung, Informationsschrift des Bundesministers für Forschung und Technologie zur IVA '79 in Hamburg;
Was ist Magnetschwebetechnik? Informationsschrift der Projektgruppe IVA, München, 1979;
Zurek, R.: Schwebende Schnellbahnen, Umschau in Wissenschaft und Technik, 19/1978, S. 587;
Rogg, D.: Übersicht über die Entwicklung der Magnetbahn in der Bundesrepublik Deutschland, ZEV-Glasers Annalen, 7–8/1981, S. 198;
Frenzel, D. und Baur, L.: Ziele und Schwerpunkte staatlicher Förderung von Forschung und technologischer Entwicklung für Bahnsysteme, ZEV-Glasers Annalen 7–8/1981, S. 194;
Weh, H.: Magnetschwebetechnik für Bahnen, Eisenbahntechnische Rundschau, 9/1981, S. 653;
Bahnsysteme für den Fernverkehr, Internationales Verkehrswesen, 1/1982, S. 36;
Baur, L. und Mayer, W. J.: Die Magnetbahnentwicklung in der Bundesrepublik Deutschland, Eisenbahntechnische Praxis, 2/1982, S. 36 und 3/1982, S. 24;
Langstatortechnik, Integrierte Magnetfahrtechnik, Informationsschrift von Thyssen-Henschel, Kassel, 10/1976;
Matthöfer, H.: Technologien für Bahnsysteme, Frankfurt/M. 1977;
Kretzschmar, R. und Zander, C. P.: Versuche zur magnetischen Schwebetechnik, ZEV-Glasers Annalen, 2/1978, S. 33;
Neue Verkehrstechnologien, Informationsschrift von Thyssen-Henschel, Kassel, 8/1980;
Raschbichler, H. G.: Magnetfahrtechnik: Technologie für Schnellverkehrssysteme, Schweizer Maschinenmarkt, 15/1980;
Die Antriebsausrüstung der Transrapid-Versuchsanlage Emsland (TVE), Informationsschrift des Konsortiums Magnetbahn Transrapid, Zusammenstellung mehrerer Zeitschriftenaufsätze, o. J.;
Bahn der Zukunft nun im Emsland, DB-pressedienst, Frankfurt/M., 33/1978, S. 2;
Widerstand gegen Magnetschwebebahn im Emsland, Frankfurter Allgemeine Zeitung, 12. 8. 1978, S. 6;
Transrapid läßt das Emsland hoffen, Neue Hannoversche Presse, 18. 4. 1978;
Im Jahr 1835 war es Nürnberg – Fürth. Heute ist es Lathen – Dörpen. Informationsschrift des Konsortiums Magnetbahn Transrapid, München, o. J.;
Raschbichler, H.-G.: Entwicklungstendenzen der elektromagnetischen Schwebetechnik für die Anwendung bei Schnellverkehrssystemen, Thyssen Technische Berichte, 1/1979;
Eitlhuber, E.: Die Transrapid-Versuchsanlage im Emsland, Eisenbahntechnische Rundschau, 6/1980;
Die Transrapid-Versuchsanlage Emsland (TVE), Informationsschrift des Konsortiums Magnetbahn Transrapid, 3/1981;
Eitlhuber, E.: Transrapid-Versuchsanlage Emsland (TVE), ZEV-Glasers Annalen, 7–8/1981, S. 202;
Hilliges, D., Mölzer, P., Raschbichler, H. G. und Zurek, R.: Der Fahrweg der Transrapid Versuchsanlage Emsland (TVE), ZEV-Glasers Annalen, 7–8/1981, S. 205;
Schwärzler, P., Borchert, J., Steinmetz, G., Koerv, P. und Dreimann, K.: Transrapid 06 – Fahrzeugkonzept, ZEV-Glasers Annalen, 7–8/1981, S. 216;
Parsch, C. P. und Raschbichler, H. G.: Der eisenbehaftete synchrone Langstatormotor für die Transrapid Versuchsanlage Emsland (TVE), ZEV-Glasers Annalen, 7–8/1981, S. 225;
Lüers, W.: Informatik – Sicherheitssystem, ZEV-Glasers Annalen, 7–8/1981, S. 233;
Wackers, M.: Das Versuchszentrum der Transrapid Versuchsan-

lage Emsland, ZEV-Glasers Annalen, 7–8/1981, S. 236;
Kretzschmar, R.: Die Inbetriebnahme der Transrapid Versuchsanlage Emsland, ZEV-Glasers Annalen 7–8/1981, S. 240;
Stürwold, H.: Sicherheitstechnische Begutachtung der Transrapid-Versuchsanlage, ZEV-Glasers Annalen, 7–8/1981, S. 246;
Klimmek, D.: Zulassungsvorbereitende Sicherheitsarbeit für Magnetbahnen, ZEV-Glasers Annalen 7–8/1981, S. 249;
Mayer; W. J.: Der Energieverbrauch der Magnetbahn, Eisenbahntechnische Rundschau, 11/1981, S. 807;
Das Emsland macht Bahngeschichte, Frankfurter Allgemeine Zeitung, 7. 8. 1981, S. 5;
Das Emsland macht Bahngeschichte, Informationsschrift der Emsland GmbH, Meppen, 1983;
Zwischen Fahren und Fliegen – Transrapid im Verbund mit Auto, Eisenbahn und Flugzeug, Bundesministerium für Forschung und Technologie, Bonn, 5/1982;
Der Betonfahrweg, Informationsschrift des Konsortiums Magnetbahn Transrapid, Dyckerhoff & Widmann, Bremen, 9/1982;
Lönnecke, K. H. und Stüben, H. H.: Bauausführung des Betonfahrwegs der Transrapid Versuchsanlage Emsland (TVE), Bauingenieur, Berlin (West), 4/1983;
Magnetbahn auf der Versuchsanlage im Emsland eingetroffen, MBB aktuell, 4/1983, S. 3;
Chancen für erste Magnetbahn in den USA gestiegen, MBB aktuell, 1/1983, S. 4;
Parnitzke, R. A.: Transrapid – Innovation für das nächste Jahrhundert, Verkehr und Technik, Berlin, Bielefeld, München, 10/1983, S. 363;
Auslandsinteresse an deutscher Magnetbahn-Entwicklung wächst, MBB aktuell, 3/1982, S. 1;
Immer mehr Verkehrsexperten wollen Transrapid schweben sehen, MBB aktuell, 12/1983, S. 2;
Heßler, H.: Chancen der Magnetbahntechnik, ZEV-Glasers Annalen, 12/1983, S. 405;
Hin rast der Pfeil, Der Spiegel, 10/1984, S. 114;
MVP – Versuchs- und Planungsgesellschaft für Magnetbahnsysteme, Informationsschrift, München, 10/1983;
Transrapid International, Informationsschrift, München, 10/1983;
Rossberg, R. R.: Magnetbahn-Entwicklung wieder zweispurig, VDI-Nachrichten, 46/1981, S. 1;
Gaede, P.-J.: Magnetbahn mit Kurzstatorantrieb, ZEV-Glasers Annalen, 7–8/1981, S. 252;
Miller, L.: Magnetfahrtechnik mit synchronem bzw. asynchronem Kurzstator-Linearantrieb, ZEV-Glasers Annalen, 7–8/1981, S. 256;
Spurgebundenes Schnellverkehrssystem in deutsch-französischer Co-Produktion, Informationsschrift, Thyssen-Henschel, München, o. J.;
Transportsystem U-LIM-AS, Abschlußbericht Phase 1, Informationsschrift, Thyssen-Henschel München, o. J.;
Thyssen Magnetfahrtechnik für Schnellverkehrssysteme – Technische Information, Thyssen AG, Duisburg, 11/1982;
Gaede, P.-J.: Technik und Leistungsdaten einer Magnetbahn mit Kurzstator-Linearmotorantrieb, ZEV-Glasers Annalen, 12/1983, S. 411;
Development of HSST system, Informationsschrift der Japan Air Lines, 5/1979 (engl. 23 S.);
A status of HSST development, Informationsschrift der Japan Air Lines, o. J., (engl. 14 S.);
Japanese Railway Engineering, 1/1979;
Development of Maglev-System in JNR, J.N.R. Bulletin, Tokio, 12/1981;
Magnetbahnpläne in Japan, Deutsche Verkehrs-Zeitung, Hamburg, 24/1982, S. 3;
Die Magnetschwebebahn. Ergebnisse der Miyzazaki Tests und Zukunftspläne, Elektrische Bahnen, München, 6/1982, S. 192;
Maglev – Transportation For Tomorrow, Informationsschrift der Japan National Railways, Tokio, 3/1983;
Neue sowjetische Schritte zur Magnetkissenbahn, Die Eisenbahntechnik, Berlin (Ost), 5/1978, S. 221;
UdSSR aktiviert Magnetkissenbahn-Entwicklung, Die Eisenbahntechnik, Berlin (Ost), 9/1979, S. 381;
Baibakow, S. N.: Über Arbeiten in der UdSSR an Magnetkissenfahrzeugen, Eisenbahn-Jahrbuch 1981, Transpress, Berlin (Ost);
Magnetoplane als Städte-Expreß?, Berliner Zeitung, Berlin (Ost), 20./21. 9. 1980;
Testserie abgeschlossen . . ., VDI-Nachrichten, 19/1984, S. 23;
Schnellverkehr der Zukunft, Wirtschaft, Berlin (Ost), 10/1981, S. 25;
Synchron-Linearmotoren für Magnetkissenfahrzeuge, Die Eisenbahntechnik, Berlin (Ost), 5/1981, S. 222;
Moskau . . .: Fahrt Frei, Berlin (Ost), 25/1981, S. 2;
: Fahrt Frei, Berlin (Ost), 2/1982, S. 2;
: Von den sowjetischen Eisenbahnen, Fahrt Frei, Berlin (Ost), 2/1982, S. 11;
Magnetbahn-Entwicklung in der UdSSR auf Eis gelegt, VDI-Nachrichten, 9/1982, S. 34;
Chrustow, W.: Eine Fahrt wie im Fluge, Fahrt Frei, Berlin (Ost), 17/1983, S. 8;
Neue Magnetkissenbahn in Moskau, Die Eisenbahntechnik, Berlin (Ost), 5/1983, S. 222;
Magnetbahn für den Personennahverkehr, VDI-Nachrichten, 36/1983, S. 38;
Hochhäusler, P.: Die magnetische Schwebebahn, ETZ B, Berlin, 13/1971, S. 311;
Hochhäusler, P.: Neue Erkenntnisse für den Betrieb der magnetischen Schwebebahn, ETZ B, Berlin, 3/1973, S. 45;
Hochhäusler, P.: Der Katamaran als magnetisches Schwebefahrzeug, ETZ B, Berlin, 16/1974, S. 412;
Eastham, J. P.: Linear induction motors as electromagnetic rivers, Proceedings of the Institution of electrical Engineers, London, 10/1974;
Hochhäusler, P.: Modell einer elektrodynamischen Schwebebahn, ETZ A, 9/1975, S. 394;
Hochhäusler, P.: Die Fortentwicklung der magnetischen Schwebebahn auf elektrodynamischer Basis, ETZ B, Berlin, 7/1981, S. 364;

Development of a Low-noise Transit System by Magnetic Levitation and Linear Induction Motor Propulsion: Japanese Railway Engineering, 3–4/1976, Seite 29;
JNR opts for rubber tyres, International Railway Journal, 4/1983, Seite 10;
Birmingham Airport (UK) Maglev, Commonwealth Air Transport Review, 1/1984, S. 26;
Birmingham scores a world first, International Railway Journal, 3/1984;
World's first maglev operations moves into the test phase, Railway Gazette International, 4/1983, S. 260;
Moving people with Maglev, Informationsschrift (engl.), The People Mover Group, GEC Transportation Projects Ltd. St. Albans, GB, 1983;
Heidelberg, G.: Die M-Bahn, ZEV-Glasers Annalen 12/1983, S. 401;
Alscher, H., Boldea, I. und Eastham, A. R.: Report on world-wide developments in non-contact suspension and propulsion technologies, ASME/IEEE Joint Railroad Conference, Erie, Penn. USA, 4/1983 (IEEE Paper 82-RT-9);
– desgl.: 1983 update.

Stichwortverzeichnis

Halbfette Ziffern: Kapitelüberschriften
Kursive Ziffern: Illustrationen